Max Direktor/Niels Clausen

Selbst bohren, dübeln und verschrauben

Compact Verlag

© 1998 Compact Verlag München
Nachdruck, auch auszugsweise,
nur mit ausdrücklicher Genehmigung
des Verlages gestattet.
Alle Anleitungen wurden
sorgfältig erprobt – eine
Haftung kann dennoch
nicht übernommen werden.
Redaktion: Christian Steinmaßl, Nathalie Krabbe
Umschlagfotos: Bosch (gr. Bild), Tox (kl. Bild)
Umschlaggestaltung: Inga Koch
Druck: Color-Offset GmbH, München
ISBN 3-8174-2284-9
2222841

Ein Wort zuvor

Selbermachen – ein Hobby, das heute für Millionen zur sinnvollen Freizeitbeschäftigung geworden ist. Ob es sich nun um die gemietete Altbauwohnung oder um die eigenen vier Wände handelt, mit etwas Geschick und einer fachmännischen Anleitung lassen sich oft verblüffende und ansprechende Ergebnisse erzielen: bei kleineren Reparaturen, beim Renovieren und Verschönern und beim Um- und Ausbauen.

Und Selbermachen bringt Spaß. Freude an der eigenen Arbeit, deren Ergebnis man Tag für Tag sehen und »bewundern« kann; es spart Geld, mit dem sich langgehegte Wünsche erfüllen lassen, und es macht unabhängig von Handwerkern, auf die man wochenlang und schließlich vergeblich gewartet hat.

Fachgeschäfte, Heimwerker- und Baumärkte versorgen den Hobby-Handwerker mit allen Werkzeugen und Materialien, die er braucht. Doch richtiges Werkzeug und Begeisterung allein reichen nicht aus. Unerläßlich sind eine gründliche Vorbereitung und Fachkenntnisse,

wie eine Arbeit durchzuführen und was dabei zu beachten ist.

COMPACT PRAXIS **Selbst bohren, dübeln und verschrauben** zeigt, wie man's macht. Mit wertvollen Tips und Tricks, die sich in der Praxis tausendfach bewährt haben. Jeder Arbeitsgang wird ausführlich Schritt für Schritt gezeigt und in Bild und Text erläutert. Übersichtliche Symbole zeigen auf einen Blick, mit welchem Schwierigkeitsgrad, welchem Kraft- und Zeitaufwand Sie bei jedem Arbeitsgang rechnen müssen, welche Werkzeuge Sie brauchen und wieviel Geld Sie durch Ihre eigene Arbeit einsparen können.

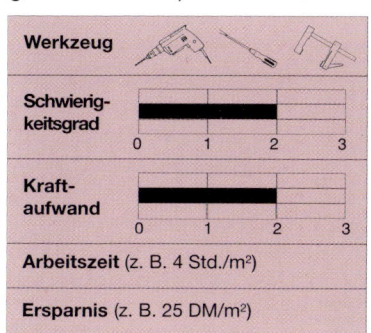

Und so stufen Sie sich selbst richtig ein:

Schwierigkeitsgrad 1 – Arbeiten, die auch der Ungeübte ausführen kann. Sie brauchen dazu nur geringes handwerkliches Geschick.

Schwierigkeitsgrad 2 – Arbeiten, die einige Übung im Umgang mit Werkzeug und Material erfordern. Es ist handwerklich durchschnittliches Geschick notwendig.

Schwierigkeitsgrad 3 – Arbeiten, die fachmännische Übung erfordern. Überdurchschnittliches Geschick ist erforderlich.

Kraftaufwand 1 – Leichte, einfache Arbeit, die jeder bequem erledigen kann.

Kraftaufwand 2 – Arbeiten, die eine gewisse körperliche Kraft voraussetzen.

Kraftaufwand 3 – Arbeiten für kräftige Heimwerker, die keine »Knochenarbeit« scheuen.

Inhaltsverzeichnis

Auf einen Blick

Inhaltsverzeichnis

Grundkurse

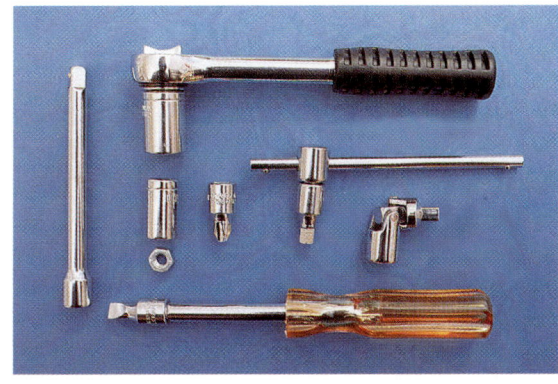

Arbeitsanleitungen

Bohren, Dübeln und Schrauben im Überblick

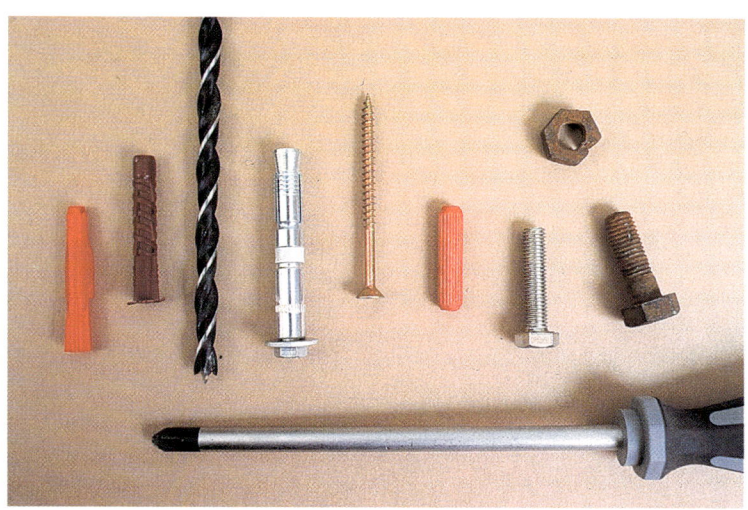

Beim Bohren, Dübeln und Schrauben handelt es sich um handwerkliche Arbeitstechniken, die im Zuge der Entwicklung neuer **Bau-** und **Werkstoffe** einen starken Wandel erfahren haben.

Beispiel **Dübeln**: Moderne Baustoffe haben die Befestigungstechnik in den letzten Jahrzehnten grundlegend verändert. Wo früher Natursteine und Vollziegel vorherrschend waren, dominieren heute verschiedene gelochte und **poröse Baustoffe**, um die Wärmedämmung zu verbessern. Auch **Leichtbauplatten** finden immer weitere Verbreitung. Gemeinsam ist diesen Baustoffen, daß herkömmliche Spreizdübel dort nicht oder nicht ausreichend halten. Die Industrie hat darauf reagiert und bietet heute viele Formen von Allzweck- und Spezialdübeln an.

Beispiel **Schrauben:** Die althergebrachten Holzschrauben mit Schlitz sind heute von anderen **Schraubenköpfen** in den Hintergrund gedrängt, die oft einfacher zu verarbeiten sind, wie Kreuzschlitz-, Pozidriv-, Innensechskant- und Innenvielzahnköpfe. Sie erfordern weniger Kraftaufwand und die Gefahr der Beschädigung sinkt. Ähnliche Entwicklungen gibt es bei den metrischen Schrauben.

Beispiel **Bohren:** Die Bohrmaschinen sind heute so vielseitig und kostengünstig, daß sich **Handbohrer** i. d. R. nicht mehr lohnen. Die Werkzeugindustrie hat ein vielfältiges Zubehör entwickelt. Wichtig ist auch die Entwicklung der Bohrer selbst. Moderne **Werkzeugstähle** weisen nicht nur eine hohe Verschleißfestigkeit auf, z. B. durch Beschichtungen: Wo es früher Bohrer für nur einen Zweck gab, gibt es heute Vielzweck- und Allzweckbohrer, die gerade für denjenigen gut einsetzbar sind, der diese Arbeiten nur relativ selten ausführt. Auch die Handhabung der Bohrmaschine hat sich geändert: Wo früher bei Mauerwerk in der Regel mit **Schlagwerk** gebohrt wurde, bohrt man heute Mauersteine vorwiegend im **Drehgang**.

Das vorliegende Buch will einen Überblick über Werkzeuge und Material geben und die grundlegenden Arbeitstechniken anhand von Beispielen vermitteln. Abweichende Angaben der Hersteller in verschiedenen Details müssen dabei jedoch beachtet werden.

Bezeichnungen und Abmessungen

1 Dübel gibt es als Befestigungs- und Verbindungsdübel. **Befestigungsdübel** gibt es ohne und mit **Dübelkappe** (1), die ein zu tiefes Einstecken des Dübels verhindert. Der **Dübelhals** (2) und **Spreizkörper** (3) bilden zusammen den **Dübelschaft**. Dieser enthält **Drehsicherungen** in Form von Sperrkanten, -flügeln oder -flossen, Lamellen oder Schuppen, die das Mitdrehen des Dübels verhindern. Die **Dübelspitze** (4) enthält bei Allzweckdübeln ein Gewinde, das von der Schraube erreicht werden muß, damit ein Verspreizen oder Verknoten möglich ist. Spreiz- und Allzweckdübel werden wie folgt bemessen: Dübeldurchmesser (ohne Drehsicherungen) mal -länge, z. B. 8 x 50 (in mm).

Schrauben besitzen meist einen **Schraubenkopf** (5), der unterschiedlich geformt sein kann. Die Kopfform bestimmt auch die Werkzeugaufnahme, d. h. den **Antrieb** der Schraube (Schlitz, Kreuzschlitz etc.). Schrauben besitzen entweder einen **gewindelosen Schaft** (6, Teilgewinde) oder ein **Vollgewinde** (7). **Holzschrauben** verjüngen sich zu einer Spitze, **metrische Schrauben** besitzen ein gleichmäßiges, zylinderförmiges Gewinde.

2 Die **Schraubenmaße** werden mit Durchmesser mal Länge angegeben. Für die **Schraubenlänge** gilt folgende Faustregel: Zur Länge zählen diejenigen Teile der Schraube, die schließlich im Werkstück verschwinden. Bei Senkkopfschrauben wird also der Kopf mitgemessen, bei Linsensenkkopfschrauben nur ein Teil des Kopfes, bei überstehenden Schraubenköpfen nur Schaft und Gewinde.

Den **Schraubendurchmesser** (d) mißt man bei Holzschrauben am Schaft, bei Schrauben mit Vollgewinde unmittelbar unter dem Schraubenkopf. Wenn eine Holzschraube z. B. die Maße 4 x 50 besitzt, bedeutet dies: Der Durchmesser der Schraube beträgt 4 mm, die Länge 50 mm.

Bei **metrischen Schrauben** ist der Durchmesser überall gleich. Er wird am gewindelosen Schaft oder am Gewinde gemessen, das Gewinde wird hier also mit berücksichtigt (Beispiel 8 x 80, in mm). Der Zusatz »M« zum Durchmesser macht deutlich, daß es sich um eine metrische Schraube handelt, z. B. M 8, dazu passen Schraubenmuttern mit dem Innendurchmesser M 8.

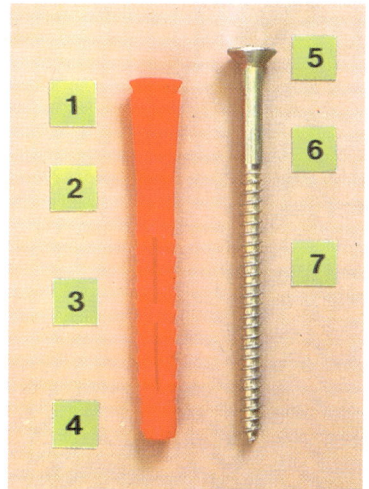

1

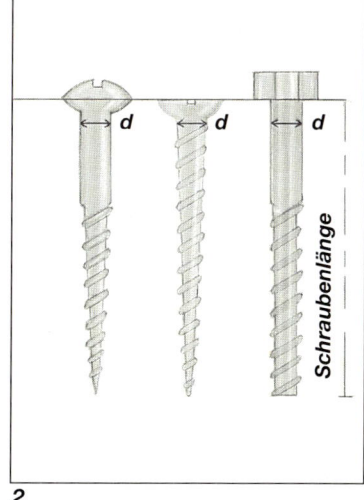

2

Kräfte, Lasten und Haltewerte

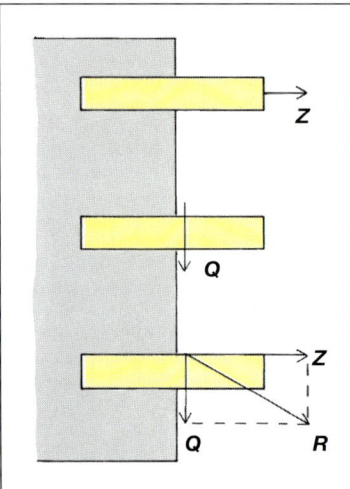

1

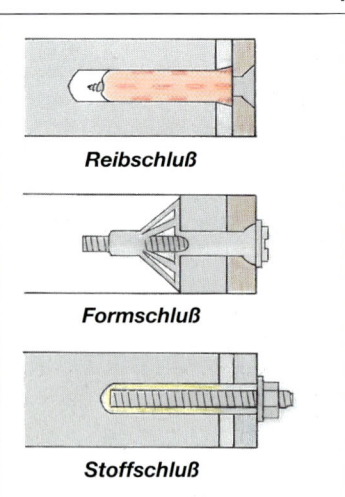

Reibschluß

Formschluß

Stoffschluß

2

1 Dübelbefestigungen unterliegen verschiedenen Belastungen: **Zuglasten** (Z) nennt man Lasten in Achsrichtung, **Querlasten** (Q) die dazu vertikal wirkenden Lasten. In der Praxis ergibt sich oft ein **Schrägzug** (R), der sich aus Zug und Querlast ergibt.

2 Dübel müssen diese Lasten sicher in den Verankerungsgrund übertragen, sie halten durch verschiedene **Tragmechanismen**. Von **Reibschluß** spricht man, wenn der gespreizte Dübel an die Bohrlochwand gedrückt wird und durch Reibung hält. Beim **Formschluß** paßt sich der Dübel dem Verankerungsgrund an, z. B. durch Verknotung oder durch Materialverdichtung. **Stoffschluß** entsteht, wenn der Dübel mit Mörtel oder Kunstharz mit dem Ankergrund verbunden wird. Reibschluß und Formschluß treten in der Praxis häufig zusammen auf.

Um zu ermitteln, wie groß die maximale Belastung von Dübel und Schraube sein darf, wird unter Laborbedingungen der **Bruchlastwert** ermittelt, d. h. der Wert, bei dem das Mauerwerk versagt, die Schraube bricht oder der Dübel aus dem Loch gezogen wird. Da die Praxis jedoch stets von den idealen Laborbedingungen abweicht, muß ein **Sicherheitsfaktor** berücksichtigt werden. So müssen z. B. ungenau gebohrte Bohrlöcher und Mörtelfugen oder mit bloßem Auge nicht sichtbare Mängel am Baumaterial ausgeglichen werden. Bei **Kunststoffdübeln** rechnen Hersteller mit fünffacher, bei **Metalldübeln** mit dreifacher Sicherheit: Der Bruchlastwert wird durch den Sicherheitsfaktor dividiert. Daraus resultiert die für den Anwender interessante **zulässige Gebrauchslast**, in Herstellerangaben auch manchmal »empfohlene Belastung« genannt. Sie gilt für Wand und Decke gleichermaßen, also auch für reine Zuglasten.

Die **zulässige Gebrauchslast** darf auch im eigenen Interesse auf keinen Fall überschritten werden. Sie wird von den Herstellern für jeden Dübel ermittelt und ist abhängig von Durchmesser und Länge des Dübels, von **Verankerungsgrund** und **-tiefe**. Gleiche Dübel haben in verschiedenen Baustoffen sehr unterschiedliche zulässige Gebrauchslasten: hohe in Beton, mittlere in Vollsteinen, kleinere in gelochten Steinen und in porösen

Steinen wie Porenbeton. Wenn Sie zu wenig Erfahrung mit Dübeln haben oder höhere Lasten befestigt werden, müssen Sie diese **Herstellerangaben** unbedingt in Erfahrung bringen, z. B. aus Prospekten oder Produktdatenblättern.

Die **Haltewerte** werden meist in **N (Newton)** oder **kN (Kilonewton)** angegeben. 1 N entspricht 0,1 Kilopond (kp), 1 kN entspricht 100 kp. 1 kp (Kraft) entsteht durch die Belastung mit etwa 1 kg (Gewicht). Hierzu zwei **Umrechnungsbeispiele:**
250 N ≙ 25 kp ≙ 25 kg
0,65 kN ≙ 65 kp ≙ 65 kg.

Wie groß die Bandbreite der Gebrauchslasten sein kann, zeigt folgendes Beispiel: Ein Dübel der weit verbreiteten Abmessung 8 x 50 mm kann nur etwa 5 bis 10 Kilo in Porenbeton halten (ein vergleichbarer Porenbeton-Spezialdübel jedoch ein Mehrfaches davon), in Beton aber je nach Ausführung 50 bis 100 Kilogramm. Die anderen Baustoffe liegen zwischen diesen Werten. Diese Werte gelten jedoch nur bei sorgfältig ausgeführten Befestigungen. Folgende **Grundregeln** müssen dabei Beachtung finden:
• Es muß der für den jeweiligen

Verankerungsgrund geeignete Dübel verwendet werden.
• Nicht tragfähige Schichten wie Putzschichten gehören nicht zum Verankerungsgrund, gegebenenfalls müssen die Gebrauchslasten reduziert oder längere Dübel verwendet werden.
• Zu große Bohrlöcher verringern die Haltekräfte.
• Es muß die größtmögliche Schraube für den jeweiligen Dübel verwendet werden, die Schraube muß ausreichend lang sein, damit der Dübel gespreizt wird bzw. sich verknoten kann.
• Prüfen Sie die Haltekraft des Dübels außerdem mehrmals mit einer deutlich höheren Belastung.

3 Damit Dübel ausreichend halten, müssen **Mindestabstände** von freien Ecken und Kanten sowie zwischen den Dübeln untereinander eingehalten werden (a = Abstand der Dübel untereinander, a_r = Randabstand zu einer freien Kante). Diese Abstände hängen ab von der Verankerungstiefe (h_{ef}) des Dübels, von Mauerwerk und Dübeltyp. Für Kunststoffdübel gilt folgende Faustregel: in Beton a = 2 h_{ef}, a_r = h_{ef}; in Mauerwerk/Porenbeton a = 4 h_{ef}, a_r = 2 h_{ef}. Die Mindestbauteildicke d muß mindestens 2

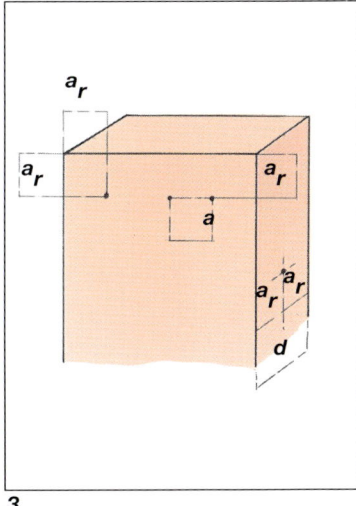

3

h_{ef} betragen, also die doppelte Verankerungstiefe.

Im Arbeitsbereich von Heimwerkern werden häufig keine allzu großen Lasten befestigt. Die verwendeten Dübel benötigen daher oft keine bauaufsichtliche Zulassung. In allen Fällen, in denen ein Versagen der Befestigung Gefahr für Leib und Leben bedeuten würde, dürfen nur **zulassungspflichtige Dübel** eingesetzt werden. Der Zulassungsbescheid enthält Angaben über Haltewerte und einzuhaltende Bauteilkennwerte.

Korrosions-, Brand- und Arbeitsschutz

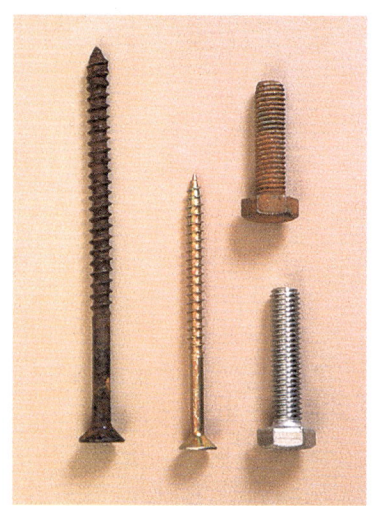

1

Dübel- und Schraubarbeiten erfordern in bestimmten Fällen Informationen über Korrosion und Brandschutz, in jedem Fall aber zur Arbeitssicherheit.

1 Korrosion tritt vor allem dort auf, wo dauernd Feuchtigkeit auf das Metall einwirkt. Schrauben aus Stahl halten langdauernden Feuchtigkeitseinwirkungen wie im Außenbereich nicht stand. An solchen gefährdeten Stellen verwendet man verzinkte Schrauben (blank oder gelb verzinkt), noch höhere Sicherheit bieten Schrauben aus Edelstahl, die absolut rostfrei sind, oder Messingschrauben.

Treffen unterschiedliche Metalle zusammen und ist genügend Feuchtigkeit vorhanden, kann **elektrochemische Korrosion** auftreten. Das unedlere Metall wird durch den chemischen Prozeß der Elektrolyse vom edleren aufgelöst. Bei verschiedenen Befestigungsarbeiten muß das beachtet werden, so dürfen im ungeschützten Außenbereich Zinkbleche nur mit verzinkten, Kupferbleche nur mit verkupferten Schrauben befestigt werden.

Auch Bestimmungen des **Brandschutzes** müssen in diversen Fällen beachtet werden: Überall dort, wo Dübelbefestigungen auch brandsicher sein müssen, dürfen nur **Metalldübel** eingesetzt werden. Im privaten Bereich ist das jedoch die Ausnahme.

Auch bei auf den ersten Blick einfachen Arbeiten wie Schrauben und Dübeln lauern viele Gefahren, deshalb sollten Sie sich auch hier mit den folgenden Grundregeln der **Arbeitssicherheit** vertraut machen:
- Sorgen Sie immer für eine standsichere Arbeitsposition.
- Halten Sie die Bohrmaschine immer mit zwei Händen. Moderne Bohrmaschinen entwickeln eine so hohe Leistung, daß sie bei einer Verkantung des Bohrers nicht mehr gehalten werden können; ein Teil der auf den Körper wirkenden Kraft kann zu Stürzen führen.
- Benutzen Sie beim Bohren spröder Werkstoffe (z. B. Metall, Stein, Glas, Kunststoff) eine Schutzbrille, vor allem bei Arbeiten in Augenhöhe und über dem Kopf.
- Sorgen Sie dafür, daß sich Kleidungsstücke oder lange Haare nicht an Bohrer und Bohrspindel verfangen können.
- Informieren Sie sich vor Beginn von Bohrarbeiten über den Verlauf von Elektro- und Wasserleitungen. Wenn Sie dazu Leitungssuchgeräte einsetzen, verwenden Sie nur geprüfte und getestete Markenprodukte, keine Billigprodukte.
- Haben Sie aus Versehen eine Elektroleitung angebohrt, schalten Sie unbedingt den Stromkreis ab und ziehen Sie einen Fachmann hinzu.
- Verwenden Sie nur passende Schraubendreher und -schlüssel, um Abrutschen, Handverletzungen und Stürze zu vermeiden.

Die richtige Verbindung wählen

Für vergleichbare Arbeiten gibt es oft unterschiedliche Verbindungs- oder Befestigungsmöglichkeiten. Die Entscheidung ist oft nicht leicht: Es gibt hunderte verschiedener Schrauben und Dübel, Die Baumärkte können daher immer nur eine Auswahl führen. Die nebenstehende Tabelle gibt einen Überblick über gängige Verbindungen und soll eine erste Orientierung erleichtern.

Für viele Befestigungsprobleme sind heute die sog. Allzweck- oder Allrounddübel empfehlenswert, insbesondere wenn der Aufbau des Mauerwerks nicht genau bekannt ist. Diese Dübelformen eignen sich sogar für viele Hohlraumbefestigungen. Daneben gibt es spezielle Hohlraumdübel. Für schwere Lasten sollten immer nur geeignete Schwerlastdübel oder vergleichbare Verbindungen eingesetzt werden.

Profitip

Stellen Sie sich für Ihren Haushalt bzw. Ihren Arbeitsbereich ein Sortiment aus verschiedenen Dübeln und Schrauben zusammen. Das erspart unnötige Einkaufsfahrten und zudem viel Zeit.

Passende Schraub- und Dübelverbindungen

Befestigung/ Verbindung	Empfehlenswerte Produkte
Befestigung an Mauerwerk (Beton, Vollsteine)	Spreizdübel, Allzweckdübel aus Kunststoff oder Metall
Befestigung an gelochten und/oder porösen Mauersteinen	Allzweckdübel und Langdübel aus Kunststoff und Metall
Befestigung an Porenbeton	Längere Allzweckdübel, Porenbetondübel
Befestigung an Hohlräumen und Leichtbauwänden	Hohlraumdübel, Federklapp-, Kippdübel
Befestigung schwerer Lasten	Schwerlastdübel
Befestigung von Sanitärgegenständen	Befestigungssets für Waschbecken, WC-Schüsseln, Spiegel
Befestigung an Decken	Metall-Spreizdübel, Allzweckdübel, Hohlraumdübel
Holzverbindungen (lösbar)	Holzschrauben, Spanplattenschrauben
Holzverbindungen (unlösbar)	Holzdübel
Verbindung oder Befestigung von Metallen	Metrische Schrauben, Blechschrauben

Holz-, Metall- und Steinbohrer

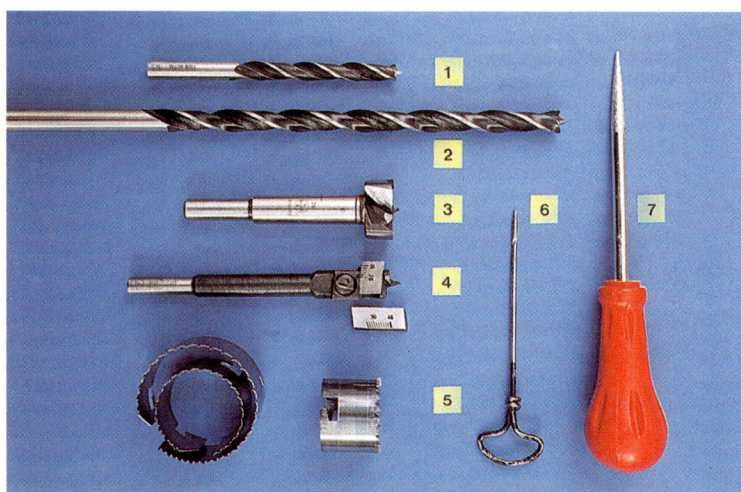

1

2

1 Holzbohrer dienen zum Bohren von Holz und Holzwerkstoffen. Sie besitzen eine **Zentrierspitze** (1), die ein paßgenaues Ansetzen des Bohrers ermöglicht. Holzbohrer eignen sich auch für weiche bis mittelharte Kunststoffe, nicht jedoch für Metall und Mauerwerk. Sie werden auch in großen Längen (»Balkenbohrer«) für dickere Werkstücke (2) angeboten. Wenn Sie keinen Holzbohrer besitzen, können Sie auch einen Metallbohrer für Holzarbeiten verwenden.

Forstnerbohrer (3) dienen zum Bohren von Löchern mit größerem Durchmesser. Höhere Haltbarkeit erreichen Forstnerbohrer mit Titanbeschichtung oder mit Hartmetallschneiden. Da ein Satz Forstnerbohrer nicht gerade billig ist, eignen sich für weniger häufigen Gebrauch **verstellbare Zentrumsbohrer** (4), bei denen man den Bohrdurchmesser stufenlos einstellen kann. Für noch größere Lochdurchmesser gibt es **Lochsägen** (5), die ebenfalls als Aufsatz für die Bohrmaschine geeignet sind. Kleine **Handbohrer** (6) werden zum Vorbohren für Holzschrauben und zum Bohren kleinerer Löcher benutzt. Kein Bohrer im eigentlichen Sinn ist der **Spitzbohrer**, mit dem

Heute haben sich für nahezu alle Bohrarbeiten **Elektrowerkzeuge** durchgesetzt, so daß Handbohrer praktisch keine Rolle mehr spielen. In der Regel werden für verschiedene Werkstoffe unterschiedliche Bohrer eingesetzt. Die Haltbarkeit hängt vom verwendeten Werkzeugstahl (s. Seite 17) und von der Verarbeitung ab. Wenn Sie nur selten Bohrer benötigen, genügen meist billigere Produkte. Wenn Sie aber häufig mit einem Material arbeiten, rechnet sich die Investition in qualitativ hochwertige Bohrer.

Sie kleine Löcher für Schrauben vorstechen können (7).

2 **Metallbohrer** eignen sich außer für Bohrarbeiten in Metall auch für härtere Kunststoffe (1). Metallbohrer sind meist aus **HSS-Stahl**, Bohrer mit Titanbeschichtung oder mit Hartmetallspitze erreichen längere Standzeiten (2).

3 **Steinbohrer** werden zum Bohren in Mauerwerk und Beton – aber auf keinen Fall für Holz und Metall – eingesetzt. An der Bohrerspitze befindet sich ein angelötetes Hartmetallstück, das die eigentliche Bohrarbeit leistet (1). Neben Bohrern mit herkömmlichen **zylindrischen Schäften** gibt es Bohrer mit **Sechskantschaft** (2), die beim Bohren von harten Materialien wie Beton im Bohrfutter besseren Halt finden. Besonders lange Bohrer (»Durchbruchbohrer«) eignen sich für **Wanddurchbohrungen** (3).

Bohrer mit sog. **SDS-Schäften** (4) verwendet man für Bohrhämmer, die v. a. in sehr harten Materialien weniger Kraftaufwand erfordern. Besonders Löcher von 10 mm Dicke und mehr können Sie mit herkömmlichen Schlagbohrmaschinen kaum mehr herstellen.

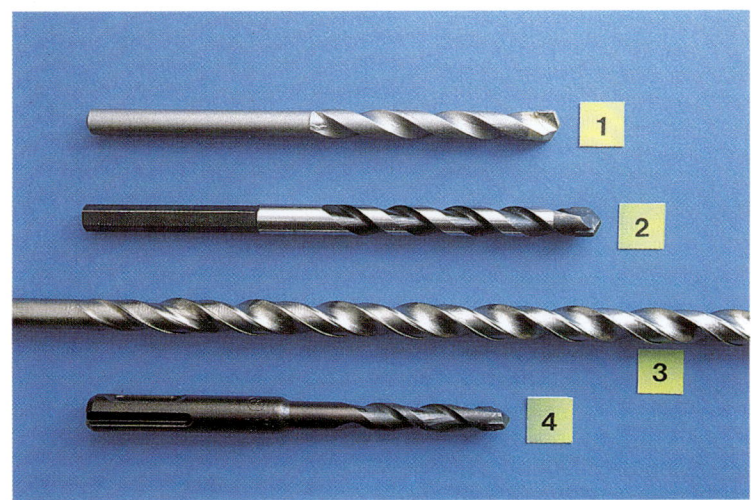

3

4 Die Werkzeugindustrie hat darüber hinaus **Allzweckbohrer** entwickelt (1), die sich sowohl für Holz als auch für Metall und Stein eignen. Den hochwertigen **Spezialbohrern** sind sie jedoch in vielen Fällen unterlegen. **Fräsbohrer** ermöglichen Bohren und Ausfräsen in Holz, Metall und Kunststoff (2).

Bohrer gibt es in verschiedenen Durchmessern, unterhalb von 10 mm oft in Abstufungen von 1 mm. Metallbohrer werden auch in Halb- und Zehntelmillimeter-Abstufungen angeboten.

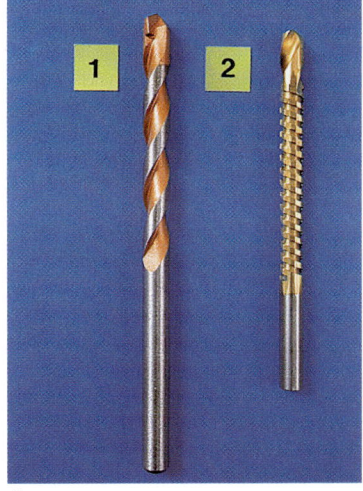

4

Baustoffe und ihre Eigenschaften

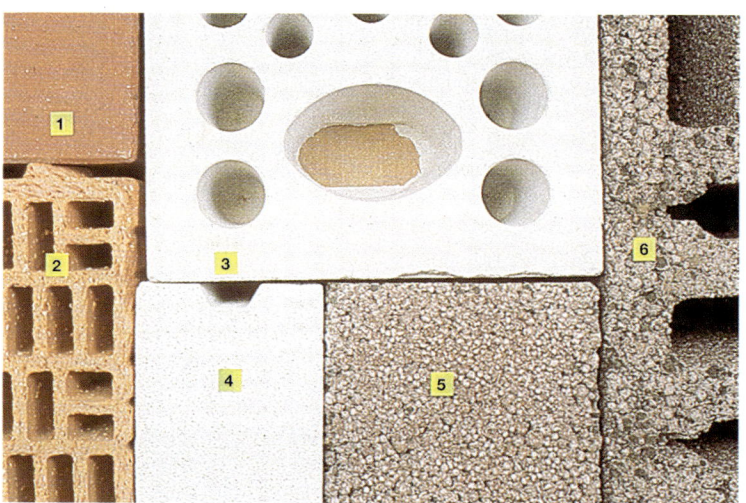

1

ihre **Wärmedämmfähigkeit** zu verbessern.

1 Die Abbildung zeigt die heute am weitesten verbreiteten **Wandbaustoffe:** Vollziegel/Klinker (1), porosierter Hochlochziegel (2), Kalksandsteine mit kleinen und großen Lochungen (3), Porenbetonstein (4), Vollstein (5) und Hohlblockstein aus Leichtbeton (6).

Vollziegel, Vollsteine aus Kalksandstein und Leichtbeton sind relativ stabile Baustoffe, in denen Dübel gut halten. Kleinere (Hochlochziegel) und mittlere (Kalksandstein) **Lochungen** erschweren hingegen das Halten des Dübels. Es besteht die Gefahr, daß das Material beim Anziehen der Schraube nachgibt. Keinen ausreichenden Halt finden herkömmliche Dübel meist in **Hohlblocksteinen**, d. h. in Steinen mit großen Lochungen, wie z. B. aus Kalksandstein, Beton oder Leichtbeton. Letzterer besteht aus Zementschlämmen und wärmedämmenden Zuschlägen wie Bims oder Blähton, Kalksandstein oder Beton.

2 Für das Setzen von Dübeln ist es daher für Sie wichtig zu wissen, in welchem Material Sie bohren. Wichtige Informationen über den

2

Um Gegenstände sicher befestigen zu können, müssen Sie sich zuerst Klarheit darüber verschaffen, wie Wände, Decken oder Fußböden aufgebaut sind und aus welchen **Baustoffen** sie bestehen.

Wandbaustoffe haben sich in den letzten Jahrzehnten grundlegend gewandelt: Während in Bauten vor 1945 meist mit Vollziegeln oder Natursteinen zu rechnen ist, waren viele massive Baustoffe später gelocht. Heute besitzen Baustoffe häufig einen hohen Loch- und/oder Porenanteil, um

vorhandenen Baustoff kann die **Bohrmehlanalyse** geben: Rotes oder gelbes Bohrmehl (1) deutet auf Ziegel hin; die anderen Mehle lassen sich jedoch nicht so eindeutig unterscheiden. Kalksandstein ist weiß und kann kleine Sandkörnchen enthalten (4). Porenbeton ist ebenfalls weiß, aber homogen (2). Das Bohrmehl von Leichtbeton mit Bims ist grau (5), von Leichtbeton mit Blähton eher grau-braun (3), und von Beton eher hellgrau (6).

Auch der **Bohrvorgang** liefert Ihnen Informationen: Der Bohrer dringt sehr leicht in Porenbeton und porosierte Ziegel ein. Vollsteine und Lochsteine der anderen Materialien bereiten ebenfalls keine Probleme. Etwas mehr Kraft benötigen Sie bei reinen Betonsteinen, und bei Beton wird das Bohren beschwerlich. Dringt der Bohrer ruckartig in Luftkammern, kann man daraus schließen, daß Loch- oder Hohlblocksteine verwendet wurden.

3 Wände und Decken können auch aus **Leichtbaustoffen** hergestellt werden oder damit verkleidet sein. Das sind zum einen **Gipskarton-** und **Gipsfaserplat-** ten (1), zum anderen **Holzwolle-Leichtbauplatten**. Typische Einsatzbereiche sind: mit Gipskarton beplankte Wandverkleidungen oder abgehängte Decken, mit Holzwolle-Leichtbauplatten (2) oder Mehrschicht-Leichtbauplatten (3) gedämmte und verputzte Dachschrägen, Trennwände aus mehrere Zentimeter dicken Gipsplatten. In vielen Fällen müssen hier Hohlraumdübel eingesetzt werden.

4 Ein sehr harter Baustoff ist **Beton**. Alle herkömmlichen Dübel halten hier problemlos, und darüber hinaus kann man an Beton auch schwerere Gegenstände befestigen. Beton ist aber nicht gleich Beton: Es hängt von der Betongüte ab, wie schwer die Lasten sein dürfen, die an Beton befestigt werden.

Häufige Betonqualitäten sind Betone B 10, B 15 und B 25. Der Beton B 25 ist ein sehr harter Beton, er wird z. B. für tragende Bauteile wie Betondecken eingesetzt. Betone B 10 und B 15 werden eher für untergeordnete Zwecke verwendet, z. B. für Fundamente und Gartenmauern. Tragende Bauteile aus Beton sind mit Baustahl bewehrt (»Stahlbeton«).

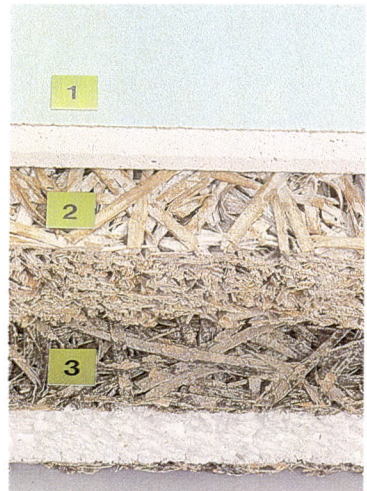

3

4

Vollholz und Holzwerkstoffe

Vollholz und Holzwerkstoffe eignen sich für vielfältige Einsatzbereiche: Für **Verkleidungen** von Wand und Decke, für **Unterkonstruktionen**, für den Bau von Möbeln und Einrichtungsgegenständen, um nur einige Beispiele zu nennen. Die unterschiedlichen Eigenschaften bestimmen Einsatzbereiche und Verarbeitung.

1 Vollholz ist massives Holz in Form von Brettern, Kanthölzern oder Balken. Untereinander verleimte Vollholzstäbe nennt man auch **Leimholzplatten**. Holz als Naturmaterial »arbeitet«, was bedeutet: Es schrumpft bei geringem Feuchtigkeitsgehalt und dehnt sich bei hohem aus. Dies müssen Sie bei allen Holzverbindungen berücksichtigen.

2 Fichte (oben) ist ein preiswertes und weiches Holz, **Kiefer** (Mitte) ist deutlich härter. **Buche** (unten) ist unter den Laubhölzern preislich das günstigste und hält hohen Beanspruchungen stand.

3 Holzwerkstoffe wie Span- oder Tischlerplatten sind formstabil und werden kaum von der Luftfeuchtigkeit beeinflußt. **Spanplatten** werden aus zerkleinertem Abfall-

holz hergestellt. Herkömmliche Holzschrauben halten hier aber schlecht. **Sperrholz** besteht aus mehreren Schichten von Furnieren, die kreuzweise übereinander verleimt werden. **Tischlerplatten** bestehen aus einer Mittellage von verleimten Vollholzleisten und einer beiderseitigen Deckschicht aus Furnier.

Hölzer können Sie untereinander mit Schrauben (lösbar) oder **Holzdübeln** (verleimt unlösbar) verbinden. Für herkömmliche Schraubverbindungen werden **Holzschrauben** eingesetzt, die einen glatten Schaft besitzen. Für Spanplatten verwenden Sie **Spanplattenschrauben**, die ein durchgängiges Gewinde besitzen und für besseren Halt sorgen.

Profitip

Vollholz aus Fichte oder Kiefer läßt sich vergleichsweise leicht bohren. Bei Harthölzern wie Buche sollten Sie qualitativ hochwertige Bohrer verwenden und heiße Bohrer immer wieder in Wasser kühlen. Auch Spanplatten sind wegen ihres hohen Bindemittelanteils relativ hart.

Metalle und Werkzeugstähle

Metalle bestehen aus verschiedenen Grundmaterialien und werden in zahllosen Formen, z. B. als Profile oder Bleche, hergestellt. Um die Eigenschaften von Metallen zu verbessern, werden sie meist weiterverarbeitet. Häufig werden dem jeweiligen Grundmaterial größere oder kleinere Anteile von anderen Metallen beigemischt, um die gewünschten Eigenschaften zu erreichen. Diese Metallgemische nennt man **Legierungen**.

Metalle sind unterschiedlich widerstandsfähig gegenüber **Korrosion**. Korrosionsgefährdete Metalle wie Eisen und Stahl werden deshalb beschichtet, beispielsweise verzinkt oder vernickelt. Daneben gibt es korrosionsbeständigen **Edelstahl**, z. B. in Form von Edelstahlschrauben. Wetterbeständige Metalllegierungen sind z. B. auch **Kupfer**, **Aluminium** und **Zink**. Bei der Verarbeitung bzw. bei der Befestigung von feuchtigkeitsexponierten Metallen müssen Sie grundsätzlich beachten, daß verschiedene Metalle durch elektrochemische Korrosion zerstört werden können: Das jeweils edlere Metall löst das unedlere auf.

1 Metalle existieren in unterschiedlichen, ihrem Einsatzbereich ange-

paßten **Härten**. Bleche sollen weich sein, damit sie gut bearbeitet werden können. Andererseits sollen Werkzeuge, Bohrer und Befestigungsmittel meist möglichst hart sein, damit sie lange halten. Werkzeuge und Zubehör bestehen daher aus **Werkzeugstahl**.

Diese Stähle sind besonders widerstandsfähig gegen Druck, Schlag und mechanischen Verschleiß. Die spezifischen Eigenschaften ermöglichen die unterschiedlichen Einsatzbereiche. Die Kurzbezeichnung ist dabei meist auf der Packung oder dem Werkzeug zu finden. **Legierter Werkzeugstahl (WS)** (1) ist für bestimmte Werkzeuge wie Bohrer die Mindestvoraussetzung. Hochwertiger ist **Chrom-Vanadium-Stahl (CV)** (2), der häufig bei Schraubwerkzeugen eingesetzt wird. **Hochleistungs-Schnellstahl (HSS)** (3) kann mit unterschiedlichen Metallen (Chrom, Wolfram, Molybdän, Vanadium, Kobalt) legiert sein; er wird v. a. bei Schneid- oder Bohrwerkzeugen eingesetzt und ermöglicht hohe Standzeiten bei hohen Schnittgeschwindigkeiten. Noch härter ist HSS mit erhöhtem **Kobaltgehalt (HSCo)**. Bohr- und Schraubwerkzeuge sind heute häufig mit Titanbeschichtung lieferbar:

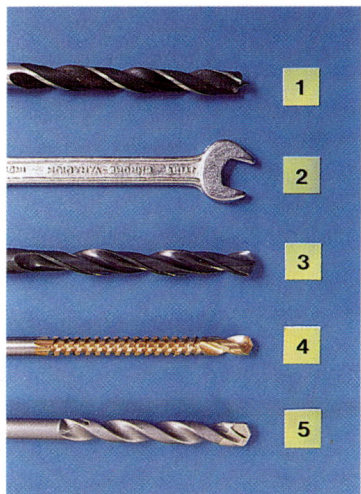

1

Das Werkzeug erhält dabei eine dünne Beschichtung aus **Titan-Nitrit (TiN)** (4), das eine dünne, goldfarbene Schicht hinterläßt. Dadurch entsteht eine besonders harte und glatte Oberfläche und damit eine höhere Verschleißfestigkeit sowie eine mehrfache Standzeit.

Am härtesten sind jedoch Werkstoffe aus **Hartmetall (HM)** (5). Sie können auch bei hohen Arbeitstemperaturen hohe Verschleißfestigkeit garantieren und werden insbesondere bei hochwertigen Metall- und Steinbohrern an die Bohrerspitze angelötet.

Standard- und Allzweckdübel

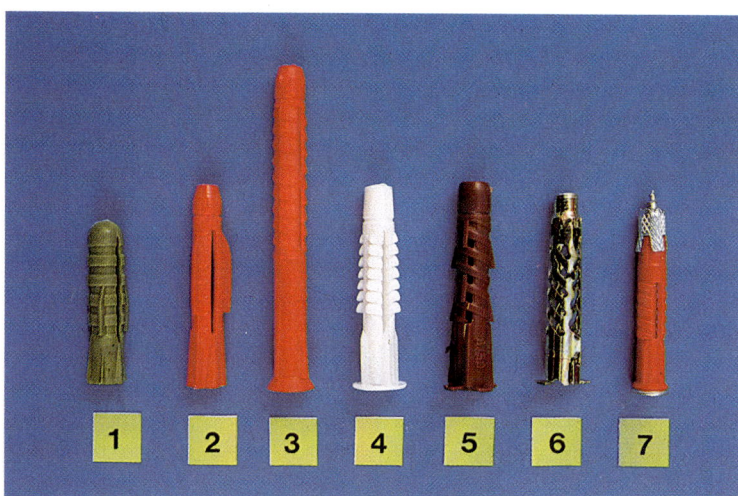

Für die überwiegende Zahl von Befestigungen im Heimwerkerbereich reichen Standard- und Allzweckdübel völlig aus. Sie bestehen ganz oder zum größten Teil aus relativ widerstandsfähigem Kunststoff.

Während Dübel früher aus Holz- oder Faserstoffen bestanden und spreizdruckfrei eingebaut wurden, war die Entwicklung des **Spreizdübels** aus Kunststoff wegbereitend für das inzwischen sehr differenzierte Dübelangebot. Der **Kunststoffspreizdübel** (1) – oft auch als **Expansions-** oder **Stan-**

darddübel bezeichnet – hat meist eine Zweiteilung: Der Dübel wird in das Dübelloch gesteckt, die eingedrehte Schraube spreizt dann die Dübelhälften auseinander. Etwas weichere Baustoffe können durch den auf diese Weise entstandenen Druck nachgeben. Deshalb ist dieser Dübel in erster Linie für **Vollmauerwerk** und **Beton** geeignet.

In Mauersteinen mit hohem Porenanteil und mit Lochungen oder Kammern halten herkömmliche Spreizdübel oft nicht ausreichend. Deshalb hat die Industrie den Kunststoffdübel weiterentwickelt

und bietet sog. **Allzweckdübel** an (2–7), die eigentlich Mehrzweck- oder Vielzweckdübel heißen müßten, denn ihre Einsatzmöglichkeiten sind zwar vielseitig, aber natürlich auch begrenzt. Sie eignen sich z. B. für Fälle, in denen Sie sich über den Aufbau einer Wand nicht sicher sind, wenn Sie nicht genau wissen, welches Baumaterial verwendet wurde und wie groß die Lochungen oder Hohlräume in den Mauersteinen sind. Allzweckdübel sind etwas anders aufgebaut und auch teurer als Standarddübel.

Der wesentliche Unterschied der Allzweckdübel im Vergleich zu den Standarddübeln liegt in der **Dübelspitze:** Sie besitzt ein **Innengewinde.** Die Schraube faßt das Gewinde, der Dübel spreizt sich in herkömmlichem Vollmauerwerk oder Beton und hält wie ein Standarddübel. In Hohlräumen hingegen faßt die Schraube das Gewinde in der Dübelspitze und führt so zu einem Verknoten des Dübels und damit zu einem sicheren Halt. Eine **Verknotung** tritt ein bei Hohlwänden, z. B. bei Wänden aus **Gipskarton**, oder bei entsprechend großen Hohlräumen in Mauersteinen, beispielsweise **Hohlkammersteinen.**

Lange Ausführungen von Allzweckdübeln eignen sich auch für Befestigungen in **Porenbeton:** Der relativ weiche Baustoff ermöglicht eine leichte Verknotung, da er in geringem Umfang nachgibt. Es kommt zu einer formschlüssigen Verbindung.

Allzweckdübel gibt es in verschiedenen **Ausführungen**. Im Grunde müssen Sie hinsichtlich der Eignung immer die Informationen der Hersteller beachten. Spreizdübel oder Allzweckdübel gibt es in verschiedenen Dicken (4 bis 16 mm) oder Längen (20 bis 120 mm). Längere Dübel eignen sich v. a. für Hohlmauerwerk oder Porenbetonsteine, aber auch zum Befestigen schwererer Lasten.

Herkömmliche Dübel sind für die **Vorsteckmontage**, d. h. der Dübel wird bündig in das Bohrloch eingeschoben und die Schraube wird eingedreht. Dübel mit Kappe verhindern das Verschwinden des Dübels in zu tief gebohrten Löchern oder Hohlräumen. Dübel mit Kappe eignen sich auch für die **Durchsteckmontage**. Sie werden mit der Schraube durch den zu befestigenden Gegenstand gesteckt, danach wird die Schraube eingedreht.

Spreizdübel: Spreizung in Vollmauerwerk und Beton

Allzweckdübel: Spreizung in Vollmauerwerk und Beton

Allzweckdübel: Verknotung in Hohlmauerwerk und Hohlwänden

Allzweckdübel: Verknotung und Hintergreifung in Porenbeton

Hohlraumdübel

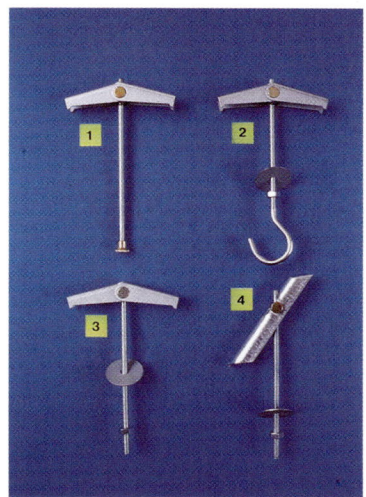

1

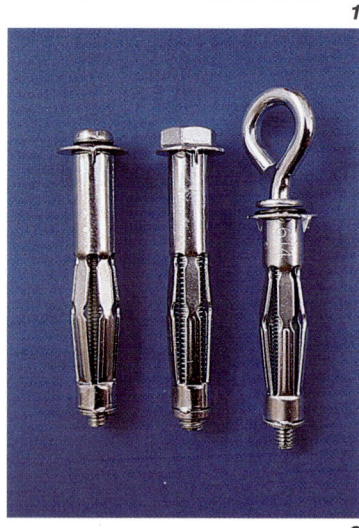

2

In Hohlräumen finden herkömmliche Spreizdübel keinen ausreichenden Halt. Auf Hohlräume können Sie z. B. beim Dübeln in großen **Hohlblocksteinen**, in bestimmten **Deckenkonstruktionen** und natürlich hinter **Leichtbauwänden** aus Gipskarton oder Spanplatten treffen. Spezielle Hohlraumdübel sind hier oft die beste Lösung.

1 **Federklappdübel** sind spezielle Hohlraumdübel, bei denen eine Federmechanismus die beiden Dübelflügel aufklappt und so eine breite Auflagefläche bildet. Sie eignen sich für **Hohldecken** mit sehr niedrigem Hohlraum (30 bis 50 mm). Die Dübel werden je nach Ausführung für unterschiedliche Bereiche verwendet, z. B. mit Rändelmutter (1) für die Befestigung von Vorhangschienen, mit Haken und Sechskantmutter (2) zur Montage von Hängeleuchten, mit U-Scheibe und Sechskantmutter (3) für direkt anliegende Gegenstände. Ähnlich funktionieren **Kippdübel** (4), deren ungleiche Flügelhälften durch Schwerkraft kippen und für ähnliche Zwecke eingesetzt werden, jedoch einen tieferen Hohlraum benötigen (70 bis 80 mm).

2 **Metall-Hohlraumdübel** besitzen mehrfach geteilte Dübelkörper und metrische Schrauben, die die Lamellen beim Anziehen spreizen und so für Halt sorgen. Sie sind mit Ringschraube, mit offener Ringschraube und Winkelhaken oder einfacher Schraube erhältlich und eignen sich sowohl für Deckenbefestigungen als auch für Befestigungen an Wänden – v. a. an Gipskarton- und Spanplatten. Die Hohlraumtiefe muß i. d. R. etwa 50 mm betragen, die überbrückbare Plattendicke beträgt je nach Ausführung 10 bis 16 mm. **Metallkrallen** verhindern ein Verdrehen des Dübels beim Anziehen der Schraube.

Neben diesen Hohlraumdübeln gibt es noch reine **Gipskartondübel**, die mit Schraubendreher oder Elektroschrauber eingedreht werden. Beim Eindrehen der Schraube legt sich die Klammer um und sorgt so für sicheren Halt. Holzplatten müssen dafür vorgebohrt werden. Außerdem sind noch Gipskartondübel mit zylindrischem Gewinde (s. Seite 22), die sich formschlüssig in der Wandbauplatte oder in weichem Mauerwerk (Porenbeton) verankern, erhältlich. Sie sind aber keine Hohlraumdübel im eigentlichen Sinn.

Dübel für Schwerlastbefestigungen

Die Befestigung mittelschwerer und schwerer Lasten erfordert spezielle Dübel, die oft summarisch als **Schwerlastbefestigungen** bezeichnet werden und entweder ganz oder weitgehend aus Metall bestehen. Neben einigen Grundformen gibt es eine Vielzahl von Spezialformen, die aber oft nur von Fachleuten angewendet werden können, da hierfür spezielle Werkzeuge benötigt werden.

1 Für die Befestigung mittelschwerer Lasten in Voll- und Hohlmauerwerk, Porenbeton und Beton eignen sich **Allzweck-Langdübel**. Sie finden z. B. Einsatz beim Befestigen von Kanthölzern, Markisen, Vordächern, Metallprofilen. Für die Befestigung von mittelschweren Lasten an Hohlwänden gibt es spezielle **Schwerlast-Federklappdübel**.

2 Der **Messing-Spreizdübel** ist aus Metall und besitzt ein metrisches Innengewinde zur Aufnahme einer **metrischen Schraube** oder eines **Schraubhakens**. Trotz geringer Verankerungstiefe werden hohe Haltewerte erreicht. Bohrlochtiefen liegen häufig zwischen 25 und 55 mm. Messing-Spreizdübel eignen sich zur Anwendung in

1

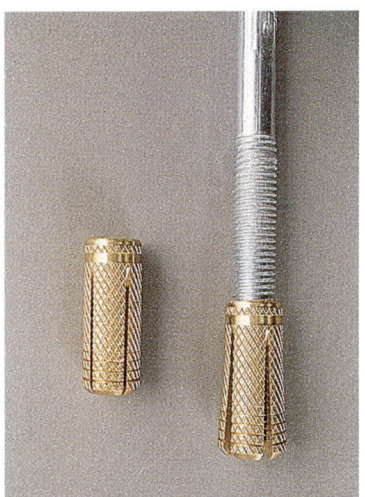

2

Beton und für sehr stabiles Vollmauerwerk, das durch die hohe Spreizkraft nicht zerstört wird.

3 Größere Haltewerte erreichen **Schwerlast-Anker**, die meist eine bauaufsichtliche Zulassung besitzen und die nur für **Betondecken** oder **-wände** eingesetzt werden. Die Zulassungen bzw. Herstellerinformationen und die Produktdatenblätter enthalten genaue Angaben über die Mindestverankerungstiefe, die erforderliche Betonqualität, die Bohrerdurchmesser und die zulässigen Lasten.

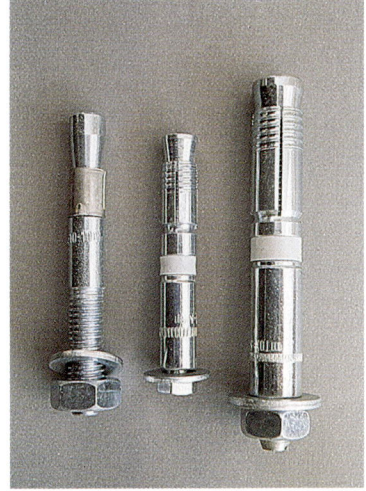

3

Dübel für spezielle Zwecke

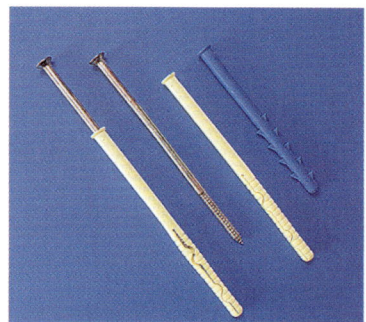

1

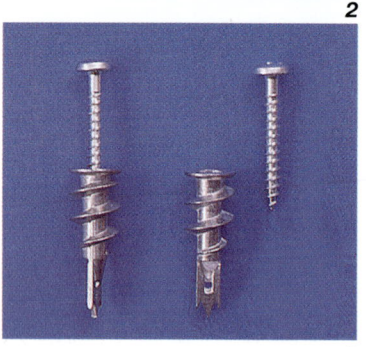

2

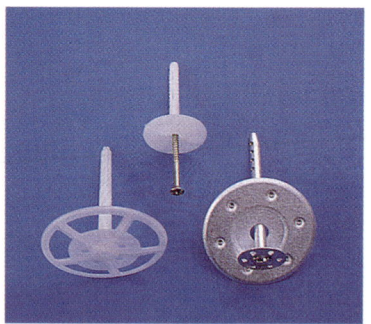

3   4

Neben den dargestellten Dübeln mit breiteren Einsatzbereichen gibt es Dübel, die meist nur für einen bestimmten Zweck vorgesehen sind.

1 Fassadendübel sind meist längere Dübel zur Befestigung von vorgehängten Fassadenbekleidungen, je nach Ausführung für Vollmauerwerk und Beton, für Hohlmauerwerk oder Porenbeton (blau).

2 Rahmendübel – meist aus Metall – dienen der Befestigung von Fenster- und Türrahmen in Mauerwerk und Beton.

3 Gipskartondübel mit selbstschneidender Schraubspitze dienen zur Befestigung an Gipskarton- und Spanplatten und eignen sich auch für Porenbeton.

4 Dämmstoffdübel werden ausschließlich zur Befestigung von Dämmstoffplatten auf Mauerwerk und an Decken verwendet. Der Dämmstoffdübel besitzt einen langen Schaft, damit er sich trotz der erforderlichen Dämmschicht genügend tief im Mauerwerk verankern kann, eine dazu passende Schraube und eine Abdeckkappe.

Besonders praktisch sind **Allzweck-Dämmstoffdübel**, die – ähnlich wie Allzweckdübel – für Beton, Voll- und Hohlmauerwerk geeignet sind. Diese Dübel spreizen sich im Mauerwerk und verknoten sich in Hohlräumen. Deshalb eignen sich Dämmstoffdübel optimal zum Befestigen von Dämmstoffplatten, die im Anschluß verputzt werden.

Wenn die Dämmplatten nicht weiter belastet werden, z. B. hinter einer vorgehängten Fassade, bietet sich auch die Verwendung von **Dämmstoff-Haltern** an, die einfach in das Bohrloch gesteckt werden und keine zusätzlichen Schrauben oder Nägel zur Verankerung benötigen. Für eine feuerbeständige Montage stehen Dämmstoffdübel aus Metall zur Verfügung.

5 Deckenanker – nur für Betondecken geeignet – sind keine Dübel im eigentlichen Sinn, denn sie werden direkt ins Bohrloch gesteckt und verspreizen sich durch Belastung.

6 Besondere Dübel und Schrauben benötigen Sie für zahlreiche **Sanitärbefestigungen**. Waschbeckenbefestigungen bestehen aus Dübeln (z. B. Allzweckdübeln), Stockschrauben, Kunststoffunterlegscheiben, Metallunterlegscheiben und Muttern. Kunststoff-Unterlegscheiben verhindern das Ausbrechen der Befestigungsöffnung bei Keramikteilen.

Auf ähnliche Weise werden mit entsprechenden **Befestigungssets** Boiler, Elektrogeräte, Spülkästen an Beton, Voll- und Hohlmauerwerk befestigt. Daneben gibt es Urinalbeckenbefestigungen sowie **Schwerlast-Federklappdübel** für die Anbringung von Waschtischen, Urinalbecken, Konsolen, Boilern usw. an leichten Trennwänden aus Gipsplatten bis 100 mm Dicke und an doppelt beplankten Trennwandsystemen.

7 Spiegel-Befestigungen dienen zur Montage von auswechselbaren Spiegeln an Beton, Voll- und Hohlmauerwerk. Keramikablage-Befestigungen zur Befestigung von Keramikkonsolen.

8 Die Befestigung von stehenden WCs erfolgt mit **Stand-WC-Befestigungen**, die neben dem Dübel zwei Messingschrauben, zwei Kunststoff-Schutzringe zum Schutz der Keramikoberfläche und zwei Abdeckkappen (farbig oder verchromt) enthalten.

Weitere nützliche Spezialbefestigungen sind: **Elektrobefestigungen** mit kleinen Dübeln, **Elektroklemmen**, die mit Nägeln befestigt werden; **Parkettleisten-Befestigungen** aus geeigneten Dübeln mit Messingholzschrauben; **Zierbefestigungen** mit Lochkopfschrauben und Zierabdeckkappen.

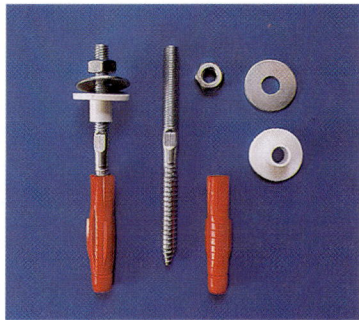

6

7

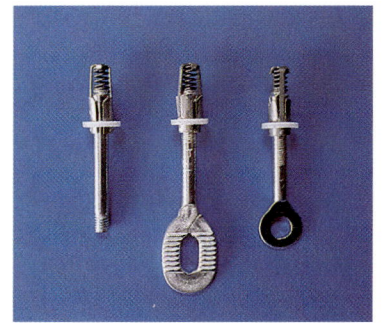

5

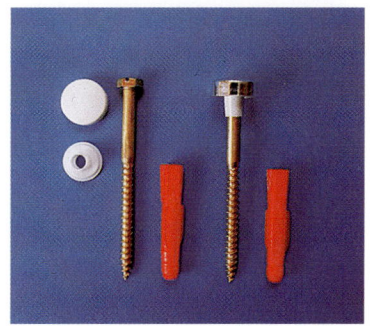

8

Holzdübel

1

2

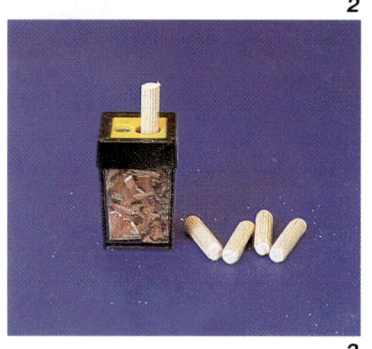

3

4

Holzdübel – hergestellt meist aus Buchenholz – ermöglichen unlösbare, verleimte Verbindungen von Vollholz oder Holzwerkstoffen.

1 Holzdübel sind am Ende angefast, damit sie das Dübelloch leichter finden. Mit ihnen können Sie sichtbare und unsichtbare **Verbindungen** herstellen. Die geriffelte Oberfläche vergrößert die Haftfläche, und überschüssiger Leim kann ausquellen.

2 Dübel können Sie aus geriffelten **Dübelstangen**, die es in Längen von 80 bis 100 cm zu kaufen gibt, selbst herstellen. Schneiden Sie den Dübel mit einer feinzahnigen Säge auf die passende Länge zu.

3 Die Enden der Dübel werden angefast, beispielsweise mit einer Raspel oder einem ausreichend großen Bleistiftspitzer.

4 Passend zu den Holzdübeln gibt es »Dübelkörner« in verschiedenen Durchmessern. Diese **Metallkörner** dienen zum paßgenauen Anzeichnen der Dübellöcher: So wird zuerst das Dübelloch am ersten Werkstück gebohrt und die Körner eingesetzt. Anschließend werden die beiden Werkstücke zusammengehalten und mit der Spitze wird die Mitte des zu setzenden Dübels markiert.

Der Dübeldurchmesser und die Dübellänge richten sich nach der Beanspruchung der Verbindung und der Dicke der zu verbindenden Teile. Als Faustregel gilt: Der ideale **Dübeldurchmesser** beträgt etwa ein Drittel bis zur Hälfte der Brettdicke, und die **Dübellänge** sollte mindestens der Brettdicke entsprechen, besser jedoch deutlich länger sein. Die Bezeichnung des Dübeldurchmessers entpricht dem Durchmesser des Bohrers in Millimeter (also Holzdübel 8 mm für 8-mm-Bohrer).

Für stark beanspruchte Holzverbindungen können Sie auch entsprechend dicke Holzstäbe verwenden.

Holzschrauben

Holzschrauben sind Schrauben mit einem meist konisch zulaufenden Gewinde und einer Spitze. Sie dienen zur Verbindung oder Befestigung von Holzwerkstücken oder als Dübelschrauben.

1 Holzschrauben unterscheidet man – wie alle Schrauben – nach der **Kopfform** und dem **Antrieb**, d. h. der Form für die Werkzeugaufnahme: Verbreitet ist die **Senkkopfschraube** (1), die mit der Oberfläche eben abschließt, die **Linsensenkkopf-Schraube** (2), bei der ein Teil des Kopfes die Oberfläche überragt, und die **Halbrundschraube** (3). Außerdem gibt es noch Holzschrauben in Form von **Zylinderkopfschrauben** (4).

2 Nach dem Schraubenantrieb unterscheidet man die Schlitzschraube, die Kreuzschlitzschraube, die Pozidrivschraube und die Torxschraube. Die konventionelle **Schlitzschraube** (1) erfüllt zwar im Normalfall ihren Zweck, bei kraftaufwendigen Befestigungen kann das Schraubwerkzeug aber abgleiten und den Schraubenkopf beschädigen. Deshalb werden heute bevorzugt **Kreuzschlitzschrauben** (2) verwendet, da passende Schraubendreher hier

deutlich mehr Angriffsfläche haben, so daß sich größere Kräfte übertragen lassen. Eine noch bessere Kraftübertragung als Kreuzschlitzschrauben ermöglichen die **Pozidrivschrauben** (3), die zwischen den Kreuzschlitzen noch kleine Einkerbungen besitzen.

Deutlich weniger Kraftaufwand erfordert das Eindrehen von **Innensechskantschrauben** (»**Inbusschrauben**«), die es als reine Holzschrauben jedoch relativ selten gibt. Hohe Kräfte lassen sich mit sog. **Torxschrauben** bzw. **Schrauben mit Innenkeilprofil**

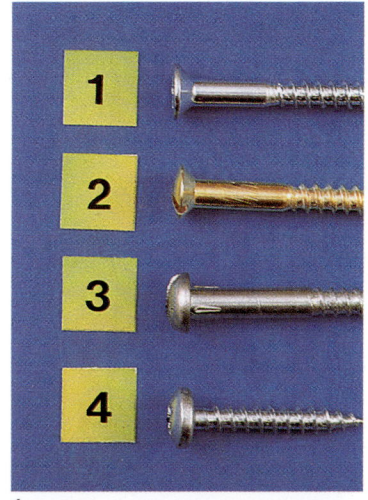

1

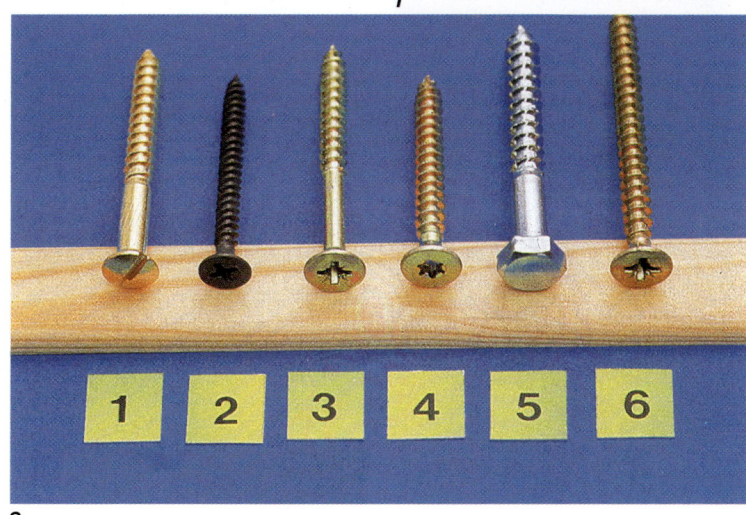

2

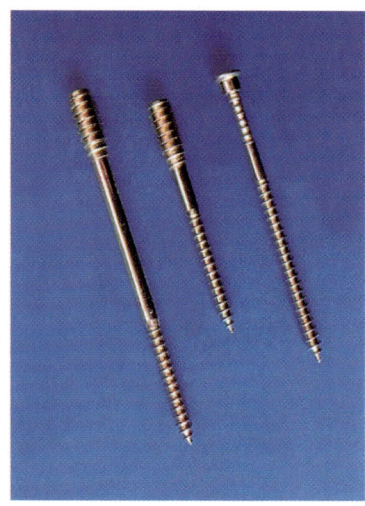

3

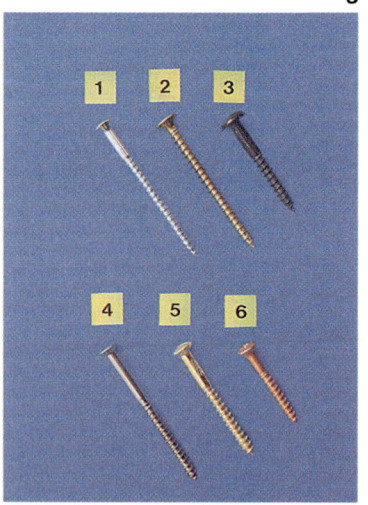

4

(4) und noch größere mit **Sechskantschrauben** (5) übertragen, die mit Schraubenschlüsseln eingedreht werden.

Für die Arbeit mit Spanplatten wurden sog. **Spanplattenschrauben** (6) entwickelt. Diese Schrauben mit selbstschneidendem Gewinde werden nach einem eingetragenen Warenzeichen oft als **»Spaxschrauben«** bezeichnet. Sie besitzen in der Regel Kreuzschlitz- oder Pozidrivköpfe. Ein Vorbohren ist bei Spanplatten nicht nötig. Diese Schrauben finden immer größere Verbreitung und werden inzwischen auch für andere Holzverbindungen eingesetzt. Für den Möbelbau gibt es Schrauben, auf die man **Abdeckkappen** aufstecken kann.

Holzschrauben werden auch für herkömmliche **Kunststoffdübel** eingesetzt. In der Regel reichen Schrauben aus, deren Schaft kein Gewinde besitzt. Auch hier haben jedoch die Spanplattenschrauben Einzug gehalten.

Holzschrauben gibt es mit **gewindelosem Schaft** und mit **durchgehendem Gewinde**. Muß für Verschraubungen vorgebohrt werden, z. B. bei dicken Schrauben oder bei harten Hölzern, so reicht bei durchgehendem Gewinde ein Bohrerdurchmesser aus. Für gewindelose Schäfte muß mit zwei unterschiedlichen Bohrern vorgebohrt werden.

3 Distanzschrauben bestehen aus zwei Gewinden, die durch einen Distanzschaft mit variabler Länge verbunden sind. Sie eignen sich für Distanzbefestigungen, z. B. von Holzunterkonstruktionen, oder für Deckenabhängungen.

4 Schrauben aus unlegiertem Stahl sind im **Feucht- und Außenbereich** rostanfällig. Man verwendet sie dort also blank verzinkt (1) oder gelb verzinkt (2). Schwarze Schrauben (3) können rostgeschützt sein. Garantiert rostsicher sind Edelstahlschrauben (4). Auch Messingschrauben (5) sind korrosionsfest, doch sind sie vergleichsweise weich, so daß sie meist nur dort verwendet werden, wo der optische Eindruck im Vordergrund steht, z. B. zur Befestigung von Fußbodenleisten. Verkupferte Schrauben (6) haben einen relativ engen Einsatzbereich, z. B. zur Befestigung von Kupferblechen.

Metrische Schrauben und Blechschrauben

Metrische Schrauben und Blech-schrauben werden häufig – jedoch nicht ausschließlich – zur Verbindung von Metallteilen eingesetzt; metrische Schrauben auch für metrische Dübel und zur Verbindung von Holzteilen.

»Maschinenschraube« ist der umgangssprachliche Oberbegriff für **metrische Schrauben**, die durchgehend ein gleichmäßiges Gewinde besitzen. Der allergrößte Teil dieser Schrauben besitzt ein sog. **Regelgewinde**. In der Fachsprache heißt dieses Gewinde **metrisches ISO-Gewinde**. Die Bezeichnung M 12 besagt beispielsweise, daß es sich um ein metrisches Gewinde mit einem Nenndurchmesser von 12 mm handelt (= Außendurchmesser).

1 Metrische Schrauben gibt es mit unterschiedlichen Köpfen. Weitverbreitet ist die **Sechskantschraube** (1), daneben gibt es metrische Schrauben mit **Schlitz** (2), **Senkschlitz** (3), **Kreuzschlitz** (4), mit **Flachrundkopf** (5), mit **Innensechskant** (6) sowie einzelne Sonderformen.

2 Auch Aufbau, Form und Einsatzgebiet der Schrauben unterschei-

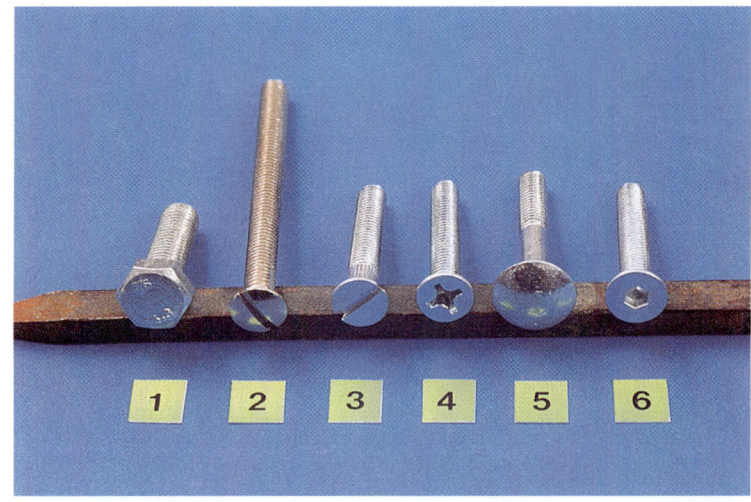

1

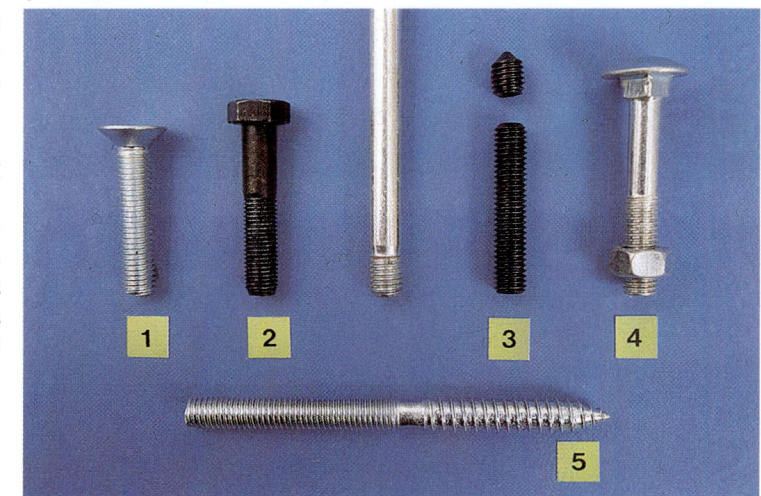

2

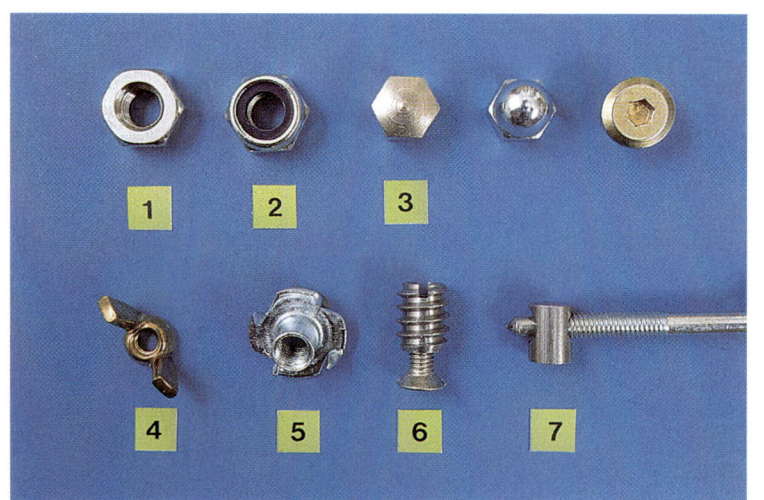

- bis 6 mm Länge: 1-mm-Schritte (4, 5, 6 mm);
- bis 12 mm: 2-mm-Schritte (6, 10, 12 mm);
- über 12 mm: 4-mm-Schritte (16, 20 mm);
- über 20 mm: 5-mm-Schritte (25, 30 mm etc.);
- in größeren Längen: 10- bzw. 20-mm-Schritte.

Die **Längenangabe** wird bei den Schrauben direkt hinter die Gewindebezeichnung gestellt: Eine Schraube M 12 x 55 besitzt ein Gewinde M 12 und ist 55 mm lang.

3

den sich: Schrauben besitzen entweder ein **Vollgewinde** (1) oder ein **Teilgewinde** (2). Daneben gibt es Schrauben ohne Kopf, wie z. B. **Gewindestifte** (3), und **Stiftschrauben** bzw. **Madenschrauben**. Flachrundschrauben besitzen häufig einen Vierkantansatz (4, auch **»Schloßschrauben«** genannt), er soll in Holz das Drehen der Schraube beim Anziehen der Mutter verhindern. **Stockschrauben** (5) besitzen ein metrisches Gewinde und ein Holzgewinde.

Metrische Schrauben gibt es häufig in folgenden **Längenabstufungen:**

3 Metrische Schrauben werden entweder durch entsprechende Innengewinde aufgenommen oder mit passenden Muttern befestigt. Folgende **Mutternarten** sind die gängigsten: sie **Sechskantmutter** (1), die **selbstsichernde Sechskantmutter** (2), die **Hutmutter** (3), die **Flügelmutter** (4), die **Einschlagmutter** (5), die **Einschraubmutter** (6) und der **Quermutterbolzen** (7).
Viele dieser Muttern gibt es in verschiedenen Höhen. Die Bezeichnung der Muttern richtet sich nach dem Gewinde: Eine Mutter M 12 paßt auf eine metrische Schraube M 12.

4

4 Zur Verarbeitung von Schrauben werden häufig Scheiben und Federringe verwendet. **Beilagscheiben**, auch U-Scheiben (Unterlegscheiben) genannt, dienen der Unterfütterung von Schraubverbindungen und verhindern, daß sich Schraubenkopf oder Mutter ins Material fressen, z. B. bei Hölzern. **Federringe** und **Zahnscheiben** sollen die Lockerung von Schraube oder Mutter verhindern. Beide sollen dauerhaft dafür sorgen, daß das Mutterngewinde gegen das Schraubengewinde gepreßt wird und dadurch eine so hohe Reibung entsteht, daß sich Schraube bzw. Mutter auch bei Vibrationen nicht lockern.

Neben den hier dargestellten Regelgewinden gibt es Schrauben mit **Feingewinden**. Die Steigung des Gewindes ist hier geringer, d. h. die Schraube besitzt bei gleicher Länge mehr Gewindegänge. Die Bezeichnung von Feingewinden lautet z. B.: M 12 x 1,25, wobei letztere Zahl das Feingewinde bezeichnet.

Der Großteil der Schrauben besitzt ein Rechtsgewinde; die relativ seltenen Schrauben mit **Linksgewinde** werden mit dem Zusatz »LH« bezeichnet. Eine metrische Schraube M 12-LH besitzt also ein Linksgewinde.

5 Metrische Schrauben gibt es aus unlegiertem Stahl (1), meist an der schwarzen Färbung erkennbar. Diese Schrauben sind jedoch relativ rostanfällig, sie eignen sich also nicht dort, wo sie ständig oder häufig hoher Luftfeuchtigkeit oder Niederschlägen ausgesetzt sind. Dort werden **verzinkte Schrauben** eingesetzt. Bei metrischen Schrauben herrscht die blanke Verzinkung vor (2). Absolut rostfrei sind Edelstahlschrauben (3), die dafür jedoch deutlich teurer sind. Auch Messingschrauben (4) sind sehr widerstandsfähig, doch da sie relativ weich sind, haben sie nur einen begrenzten Einsatzbereich. Daneben gibt es Spezialschrauben aus Kunststoffen, z. B. für Arbeiten an Acrylwerkstoffen.

6 Blechschrauben sind meist kegelförmige Schrauben mit Spezialgewinde, die Bleche auf einem Untergrund befestigen. Neben spitzen Schrauben, die sich selbst durch dünne Bleche bohren können gibt es stumpfe Schrauben, die ein Vorbohren benötigen.

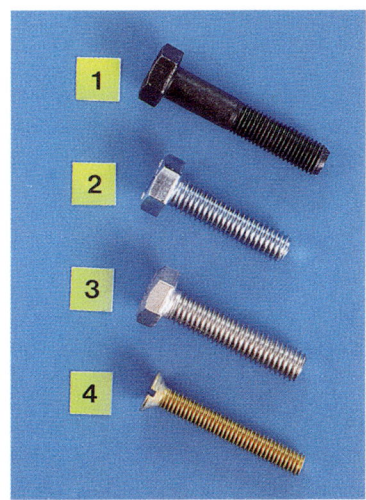

5

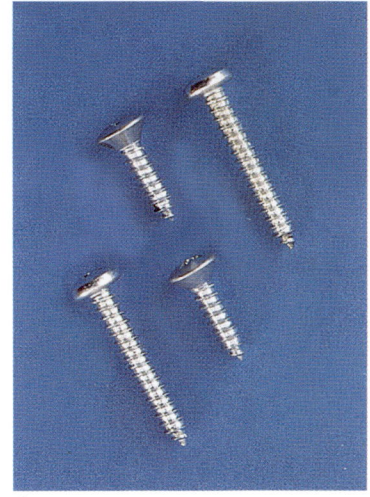

6

Die wichtigsten Werkzeuge

Auf diesen beiden Seiten finden Sie Kurzbeschreibungen der wichtigsten Werkzeuge, die Sie zum Bohren, Dübeln und Verschrauben benötigen. Welche Werkzeuge Sie für einzelne Arbeitsgänge benötigen, können Sie anhand der Symbole in den farbigen Kästen unter der Rubrik »Werkzeug« ersehen, die allen Arbeitsanleitungen vorangestellt sind.

Universalwerkzeuge

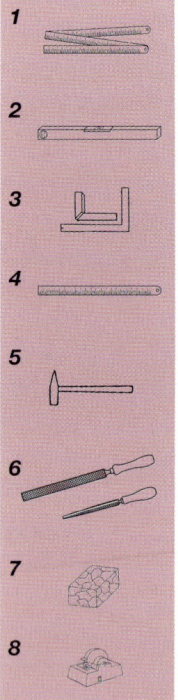

1 Meterstab: Das Universalmeßinstrument zum Ausmessen von Befestigungspunkten und von Abständen.

2 Wasserwaage: Zum Messen der Waagrechten und Senkrechten für genau horizontale und vertikale Dübelpositionen.

3 Winkellineal: Zum Anzeichnen rechter Winkel.

4 Lineal: Zum Anzeichnen und Ausrichten von Werkstück und Dübelpositionen.

5 Hammer: Ein normaler Schlosserhammer genügt zum Einschlagen bestimmter Dübel und Muttern.

6 Metallfeilen: Grundwerkzeuge der Metallbearbeitung. Sie dienen z. B. zum Entgraten von Werkstücken.

7 Schleifkork: Zur sicheren und effizienten Handhabung von Schleifpapier.

8 Schleifbock: Sehr nützlich zur Instandhaltung aller scharfen Werkzeuge, wie z. B. Bohrer.

Werkzeuge zum Bohren

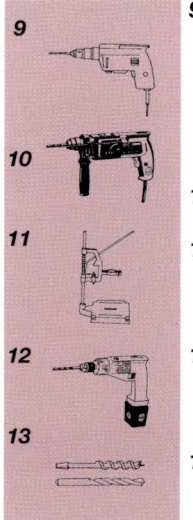

9 Bohrmaschine: Zum Bohren in Holz und Metall. Die Bohrmaschine sollte Rechts-/Linkslauf und eine stufenlose Regelung der Drehzahl haben. Für härtere Baustoffe benötigt man eine Schlagbohrmaschine.

10 Bohrhammer: Für Bohrarbeiten in Beton.

11 Bohrständer: Der Bohrständer ermöglicht es, mit der Bohrmaschine genauer, sicherer und vielseitiger zu arbeiten.

12 Akkubohrschrauber: Zum Bohren von einfachen Löchern in Holz und zum Eindrehen von Schrauben.

13 Bohrer: Bohreinsätze für Akku- und Elektrowerkzeuge; z. B. für Holz, Metall, Stein etc.

Werkzeuge zum Fixieren und Festspannen

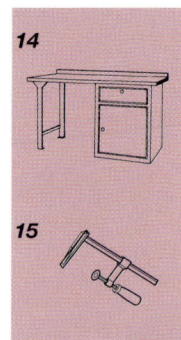

14 Werkbank: Ein standfester Arbeitstisch mit Möglichkeiten, Werkstücke einzuspannen.

15 Schraubzwinge: Schraubzwingen benötigt man zum Befestigen von Werkstücken und zum Zusammenpressen von Leimverbindungen und Holzdübelverbindungen. Zum Schutz der Oberflächen sollte beim Einspannen immer ein Holzstück untergelegt werden (»Zulage«).

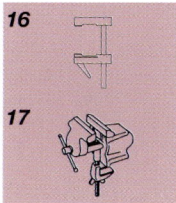

16 Holzzwinge: Die Backen der Holzzwinge sind mit Kork versehen, so daß auch auf weichem Holz keine Druckstellen entstehen.

17 Schraubstock: Festmontierte Einspannhilfe zum Bearbeiten von Werkstücken.

Werkzeuge zum Verschrauben

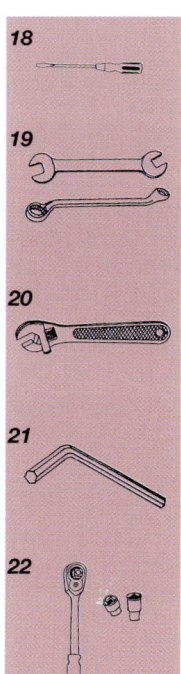

18 Schraubendreher: Zum Eindrehen von Holz-, Spanplatten- und Blechschrauben. Schraubendreher gibt es für Schrauben mit Schlitz-, Kreuzschlitz-, Inbus- und Torxköpfen.

19 Schraubenschlüssel: Zum Anziehen von Schraubenmuttern. Schraubenschlüssel sind in zahlreichen verschiedenen Ausführungen – z. B. als Gabel- oder als Ringschlüssel – und Größen erhältlich.

20 Rollgabelschlüssel: Ein praktisches Werkzeug, das sich auf viele Mutterngrößen einrichten läßt.

21 Inbusschlüssel: Innensechskantschlüssel für Innensechskantschrauben.

22 Steckschlüssel: Zum Festziehen und Lösen von Maschinenschrauben mit entsprechenden Nüssen, bzw. Einsätzen für Sechskantschrauben, für Inbus-, Torx-, Schlitz- und Kreuzschlitzschrauben.

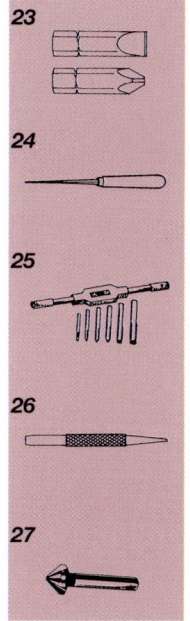

23 Schrauberbits: Zum maschinellen Eindrehen von Schlitz- oder Kreuzschlitzschrauben. Sie können entweder in das Futter der Bohrmaschine bzw. des Akkubohrschraubers direkt oder in eine Klingenaufnahme mit Magneten sowie in einen entsprechenden Schraubendreher eingesetzt werden.

24 Spitzbohrer: Zum Vorstechen kleiner Löcher als Einschraubhilfe für diverse Holzschrauben.

25 Gewindeschneider: Zum Schneiden von metrischen Gewinden in Metall oder harte Kunststoffe.

26 Körner: Metallstift mit gehärteter Spitze zum Vorbereiten einer Bohrung in Metall.

27 Senker: Der Senker fräst trichterförmige Vertiefungen oder Fasen an Lochränder. Senker gibt es für Holz und Metall.

Sicherheitszubehör

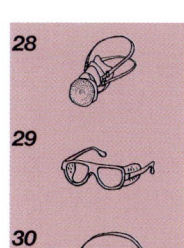

28 Staubmaske: Zum Schutz bei starker Staubentwicklung z. B. bei Bohrarbeiten in Beton über Kopf.

29 Schutzbrille: Zum Schutz der Augen vor Bohrmehl oder herumfliegenden Splittern.

30 Gehörschutz: Einen Gehörschutz sollte jeder bei längerem Betrieb von Heimwerkermaschinen tragen.

Bohrwerkzeuge richtig einsetzen

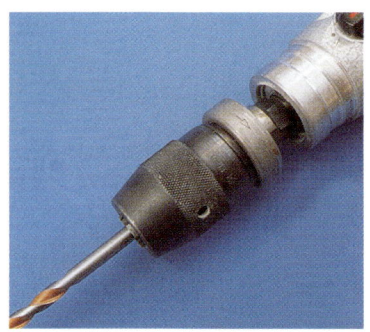

1

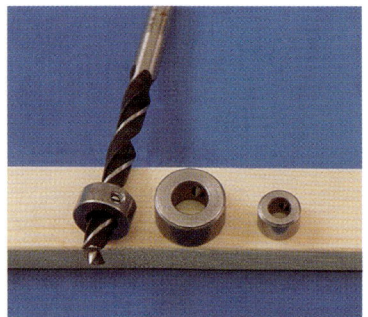

2

3

Bohrarbeiten werden heute fast ausschließlich mit **Elektrowerkzeugen** ausgeführt. Von der Vielzahl der erhältlichen Produkte können hier nur die wichtigsten vorgestellt werden.

1 Die Bohrmaschine mit einschaltbarem Schlagwerk (»**Schlagbohrmaschine**«) und mit Links- und Rechtslauf ist heute Standard. Das herkömmliche Bohrfutter mit Spannschlüssel ist durch das **Schnellspannbohrfutter** (s. Abb.), das per Hand geöffnet und geschlossen werden kann, weitgehend abgelöst worden.

Wenn Sie mit der Bohrmaschine auch schrauben wollen, sollten Sie beim Kauf auf eine **stufenlose Drehzahlregelung** achten. Bei lediglich sporadischem Einsatz der Bohrmaschine können Sie zwar mit einem kleinen, preisgünstigen Gerät gut bedient sein, doch Sie werden spätestens dann, wenn Sie ein Loch in Beton bohren wollen, an die Grenzen stoßen. In den allermeisten Fällen sind daher Bohrmaschinen mit mittlerer Leistung sinnvoll. Zusammen mit qualitativ hochwertigen Bohrern können Sie auf jeden Fall sauberer und effektiver arbeiten.

Wenn Sie häufig oder größere Löcher in Beton bohren wollen, sollten Sie sich für einen **Bohrhammer** entscheiden, den es inzwischen auch in kleineren Ausführungen gibt. Im Äußeren der Schlagbohrmaschine ähnlich, besitzt er ein spezielles Getriebe, das einen stärkeren Schlag bewirkt und deshalb wesentlich weniger Anpreßdruck – v. a. bei Beton – erfordert. Bohrhämmer benötigen Spezialbohrer, sog. **SDS-Bohrer** mit genutetem Schaft, die ins Bohrfutter einrasten. Bei Bohrhämmern kann der Schlag ausgeschaltet werden, so daß man mit ihnen auch Holz und Metall bohren und schrauben kann.

Wenn Sie öfters an engen Stellen arbeiten müssen, sind Sie mit einer speziellen **Winkelbohrmaschine** gut bedient. Eine Alternative dazu stellt ein spezieller **Winkelbohrkopf** dar, der auf eine herkömmliche Bohrmaschine oder im Bohrhammer aufgesetzt werden kann.

2 Wenn Löcher in Mauerwerk oder Holz nicht zu tief werden sollen, empfiehlt sich ein **Tiefenanschlag:** Zum Bohren in Mauerwerk am besten als Begrenzer an der Bohrmaschine montiert, für feinere Bohrarbeiten wie an Holz am besten als **Begrenzungsring** am jeweiligen Bohrer angebracht.

3 Ein **Akku-Bohrschrauber** kann – je nach Leistung – zum Bohren in Holz, Metall und eventuell auch in Stein sowie zum Eindrehen vom Schrauben verwendet werden. Er ist vom Stromnetz unabhängig und wird deshalb oft kombiniert mit der Bohrmaschine eingesetzt.

4 Für besonders präzise Bohrungen ist ein **Bohrständer** hilfreich, in den man herkömmliche Bohrmaschinen einspannen kann. Er ermöglicht auch diverse Winkeleinstellungen, so daß Sie auch schräge Bohrungen ausführen können. Nur für professionelle Heimwerker ist eine **Ständerbohrmaschine** (s. Abb.) sinnvoll, bei der Bohrer und Ständer untrennbar miteinander verbunden sind.

5 Beim Bohren in harten Materialien, wie Beton, Metall oder auch Hartholz und Spanplatten, erhitzen sich Bohrer. Sie laufen blau an und verlieren sowohl an Härte als auch an Schneidekraft. Überall dort, wo die Gefahr der Überhitzung besteht, sollte man also auf regel-

mäßige **Kühlung** des Bohrers achten, z. B. indem man ihn in Wasser taucht oder bei Ständerbohrmaschinen mit Wasser oder Bohröl bepinselt. Blaues Anlaufen des Bohrers zeugt schon von Qualitätseinbuße durch Überhitzung.

6 Stumpfe oder ausgerissene Bohrer können Sie entweder mit konventionellen Schleifmaschinen oder mit speziellen **Bohrerschleifgeräten** nachschärfen. Dabei kommt es auf die genaue Einhaltung des Bohrerwinkels an. Bei den Bohrerschleifgeräten, die auch als Aufsatz auf Bohrmaschinen erhältlich sind, ist der erforderliche Winkel bereits voreingestellt.

Neben den heute üblichen Elektrobohrwerkzeugen können Sie in vielen Fällen auch **Handbohrwerkzeuge** einsetzen, z. B. Drill-, Spiral- und Brustbohrmaschinen.

Ökotip
Aufgebrauchte Nickel-Cadmium-Akkus müssen Sie als Sondermüll entsorgen. Außerdem bieten einige Firmen ein Pfandsystem an, bei dem Sie den defekten Akku beim Händler abgeben können.

4

5

6

Schraubwerkzeuge richtig einsetzen

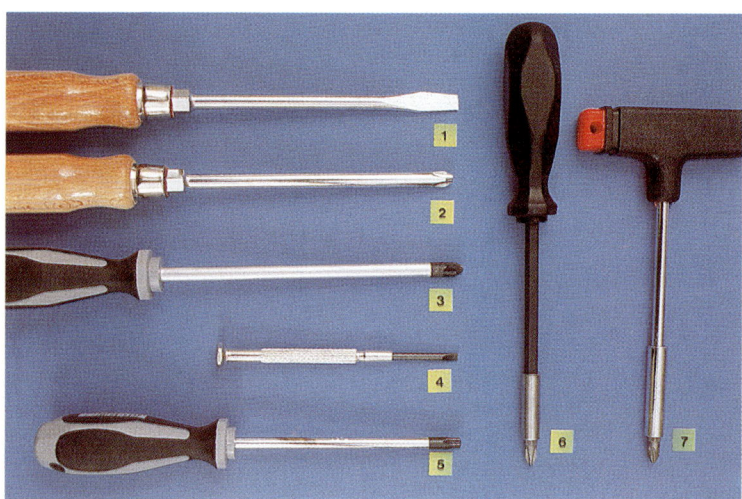

1

Die meisten dieser Werkzeuge gibt es noch in Spezialausführungen: **Magnetschraubendreher** halten die Schrauben beim Ansetzen fest; **Radio-Schraubendreher** (4) sind Werkzeuge für kleinere Schrauben, bei denen der Griff beweglich ist. Sie eignen sich für Feinarbeiten.

Für Torxschrauben eignen sich nur **Innenkeil-** bzw. **Torx-Schraubendreher** (5). Bei Torxschrauben verlaufen die kraftübertragenden Flächen senkrecht, so daß das Werkzeug beim Festdrehen nicht ausgeworfen wird.

Schraubwerkzeuge sind auf den Schraubenkopf oder die Schraubenmutter abgestimmt. Zwar kann man viele Schraubprobleme inzwischen mit Elektrowerkzeugen lösen, doch bleiben die Handwerkzeuge in den meisten Fällen unerläßlich.

Für alle Verschraubungen gilt folgende **Grundregel:** Das Werkzeug sollte genau auf die Schraubenkopf- bzw. Mutterngröße abgestimmt sein. Zu große Werkzeuge fassen nicht, zu kleine Werkzeuge rutschen ab. Die häufigen Folgen sind, daß der Schraubenkopf beschädigt wird oder die Klinge bzw. Schrauberspitze bricht.

1 Schraubendreher (meist nicht ganz richtig Schraubenzieher genannt) gibt es in vielen Formen. **Schlitzschraubendreher** (1) und **Kreuzschlitzschraubendreher** (2) eignen sich für die gleichnamigen Schrauben. Für Pozidrivschrauben kann man auch herkömmliche Kreuzschlitzdreher verwenden, eine bessere Kraftübertragung gelingt jedoch mit **Pozidrivschraubendrehern** (3), die noch zusätzliche Kerben besitzen.

Schraubendreher gibt es auch als platz- und kostensparende **Bithalter** mit auswechselbaren Bits für unterschiedliche Antriebe (6). T-Griff-Schraubendreher mit auswechselbaren Bits ermöglichen zudem eine hohe Kraftübertragung bei geringerem Kraftaufwand (7).

2 Schraubenschlüssel dienen zum Festziehen von Sechs- oder Vierkantschrauben oder -muttern. Der **Gabelschlüssel** (1) ist offen und greift an zwei parallelen Backen der Mutter an. **Ringschlüssel** (2) umgreifen die ganze Schraube und ermöglichen so eine bessere Kraftübertragung. **Ge-**

kröpfte Ringschlüssel (3) sind am Ende gebogene Schlüssel, die auch versenkte Schrauben greifen können.

Neben diesen Grundformen gibt es eine Vielzahl von **kombinierten Schlüsseln** und **Spezialformen**, wie offene Ringschlüssel für den Zugriff über ein Hindernis (z. B. einen Schlauch), Ratschenring-schlüssel mit eingebauter Knarre oder Doppelschlüssel mit Gabel- und Ringschlüssel an jeweils einem Ende. Bei tief versenkten Schrauben bzw. Muttern verwendet man die Verlängerung eines Steck-schlüsselsatzes. Sehr praktisch sind verstellbare Gabelschlüssel (4, »Rollgabelschlüssel«) oder Schlüssel, die sich der jeweiligen Schraubengröße anpassen (5, »Universalschlüssel«).

Profitip

Die Wahl des Schrauben-schlüssels hängt auch vom verfügbaren Schraubwinkel ab: Vierkantschrauben und Gabel-schlüssel erfordern mindestens 90 Grad, Sechskantschrauben noch 60 Grad, Sechskant mit Ringschlüssel und Ratschen-schlüssel noch weniger.

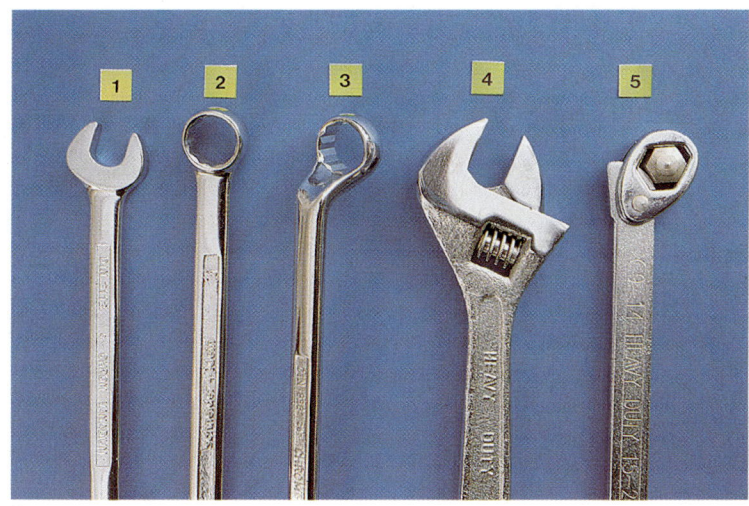

2

3 Steckschlüsselsätze bestehen aus Ratschen und Verlängerungen, auf die je nach Bedarf Einsätze (häufig **»Nüsse«** genannt) für Sechskantschrauben, Schlitz- und Kreuzschlitz, Innensechskant oder Torxschrauben verschiedener Größe aufgesteckt werden können. Diese Sätze gibt es von einer einfachen Grundausstattung bis zum weit über hundertteiligen Set für beinahe alle Schraubprobleme. Die **Knarren** oder **Ratschen** sind nach einer Richtung freibeweglich, was das Schrauben v. a. bei be-engten Verhältnissen erleichtert.

Bei den meisten Steckschlüssel-sätzen ist in der Regel auch ein spezieller Schraubendreher, eine **Verlängerung** und ein **Kardan-gelenkeinsatz** inbegriffen, die ein Schrauben auch an schwer zu-gänglichen Stellen ermöglichen.

4 Eine Sonderform von Schrau-benschlüsseln wird für Innen-sechskantschrauben (nach einem Hersteller häufig auch Inbus-schrauben genannt) benötigt: Sie werden mit **Innensechskant-schlüsseln** (»Inbusschlüsseln«) festgedreht.

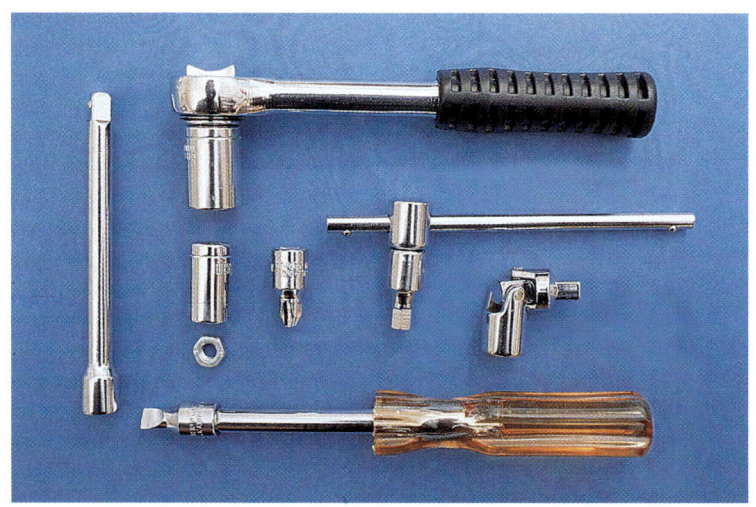

3

4

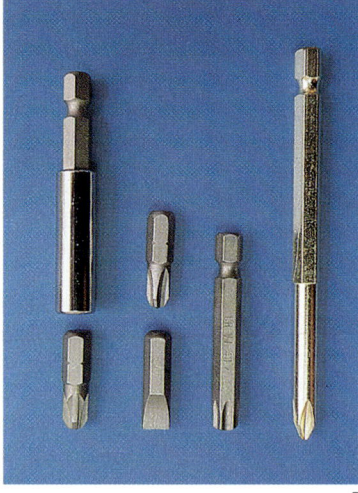

5

5 Viele Verschraubungen können Sie mit entsprechender Werkzeugausstattung auch mit Bohrmaschinen oder Akkuschraubern ausführen. Voraussetzung dafür sind Sätze aus sog. **Schrauberbits** oder kurz Bits. Sie finden meist in einem Schaft (»**Bithalter**«) Platz, der in das Bohrfutter eingespannt wird. Schrauberbits gibt es für Schlitz-, Kreuzschlitz-, Inbus-, Torx- und Sechskantköpfe.

Schlitzschrauben sind maschinell schwerer zentrierbar und eignen sich meist nicht für Schraubverbindungen mit größerem Widerstand. Geschraubt wird mit Bohrmaschinen, bei denen die Drehzahl stufenlos regulierbar ist, am besten mit Zweigangmaschinen oder mit Akkuschraubern.

Sicherheitstip
Nicht passende Schraubendreher oder -schlüssel verursachen nicht nur Beschädigungen an Schraubenköpfen oder -muttern. Es besteht außerdem die Gefahr, mit dem Werkzeug abzurutschen und sich zu verletzen, oder – im Extremfall – den Stand zu verlieren und von Leitern o. ä. abzustürzen.

Bohren in Stein, Fliesen und Beton

Für das Bohren in Stein und Beton wird zwar häufig das Schlagwerk in Bohrmaschinen eingesetzt, doch bei vielen Baustoffen mit porösem Gefüge sollten Sie lieber im Drehgang arbeiten. Das Bohren in **mineralischen Baustoffen** ist mit einer starken Staubentwicklung verbunden. Für diese Fälle gibt es spezielle **Staubfang-** oder **-absaugvorrichtungen**; Sie können sich aber auch mit einem Staubsauger behelfen.

1 Moderne, gut wärmedämmende Baustoffe enthalten viele Luftporen und Hohlräume. Deshalb genügt es in den meisten Fällen, im **Drehgang** bei ausgeschaltetem Schlagwerk zu bohren. Beim **Schlagbohren** kann der Bohrer nicht so gut geführt werden, das Bohrloch »verrutscht«, und bei gelochten Steinen besteht die Gefahr, daß dadurch die Stege wegbrechen. Schalten Sie also das Schlagwerk erst zu, wenn Sie merken, daß der Baustoff härter ist und der Bohrer beim Eindringen Mühe hat.

2 Für Fliesen gibt es zwar spezielle **Fliesenbohrer**, doch reicht ein Steinbohrer für den Heimwerkergebrauch aus. Besonders bei glasierten Oberflächen besteht die Gefahr, daß der Bohrer »verschwimmt«: Ritzen Sie die Bohrstelle mit einem harten Werkzeug an oder befestigen Sie einen Klebestreifen an der Bohrstelle. Wenn der Bohrer gefaßt hat, können Sie im Drehgang ohne zu hohen Druck weiterbohren. Das Schlagwerk würde zum Springen der Fliese führen.

3 Für das Bohren in **Beton** benötigen Sie auf jeden Fall eine **Schlagbohrmaschine** und einen hochwertigen Steinbohrer. Bohrmaschinen mit geringer Leistung können Schwierigkeiten haben, größere Löcher in Beton zu bohren. In diesem Fall empfiehlt sich ein mehrstufiges Bohren: Bohren Sie zuerst mit kleineren Bohrern vor, z. B. für ein 10 mm Loch mit Bohrern von 4 und 8 mm. Kühlen Sie heiße Bohrer, indem Sie sie in Wasser tauchen. Wenn Sie öfter in Beton und dickere Löcher bohren, empfiehlt sich die Verwendung eines **Bohrhammers**.

Sicherheitstip
Sorgen Sie beim Bohren für einen sicheren Stand. Besonders in Stahlbeton kann sich der Bohrer verklemmen.

1

2

3

Bohren in Holz

1

2

3

Holz ist ein faseriges Material, so daß bereits die **Bohrrichtung** entscheidend für das Arbeitsergebnis ist. Bohren Sie immer mit der Faser. In **Hirnholz** können Sie durch den nicht exakt geradlinigen Verlauf der Faser und ihre unterschiedliche Härte »verleitet« werden – Ihre Bohrung geht daneben. Bohren Sie, wenn es auf Genauigkeit ankommt, Hirnholz nur, wenn das Werkstück und das Werzeug gut eingespannt bzw. geführt sind (Bohrständer, Bohrlehre, Langlochbohrvorrichtung).

1 Wenn Sie quer zur Faser bohren, dann können auf der Austrittsseite wegen des Bohrdrucks Fasern ausbrechen. Bohren Sie quer zur Faser immer nur mit einer **Holzzulage** auf der Gegenseite – das verhindert das Ausreißen. Der Bohrer selbst sollte immer eine Zentrierspitze und einen Vorschneider haben, der die Fasern am Lochrand durchtrennt, bevor der Span herausgehoben wird.

2 Zeichnen Sie das Zentrum der beabsichtigten Bohrung an, spannen Sie das Werkstück zusammen mit einer Zulage (Holzunterlage, meist ein Rest- oder Abfallholzstück) sicher ein und setzen Sie die **Zentrierspitze** auf den bezeichneten Punkt an. Wenn Sie mit einem Universalbohrer ohne Zentrierspitze arbeiten, bohren Sie mit einem dünnen **Handbohrer** vor.

3 Bohren Sie mit hoher **Drehzahl** (bis 13 mm Durchmesser mit 3.000 U/min). Je höher die Drehzahl, umso sauberer wird die Bohrung, auch bei leicht splitterndem Holz. Mit ein bißchen Erfahrung können Sie an der Veränderung des Widerstandes spüren, wann der Bohrer Ihr Werkstück durchbohrt hat.

Profitip
Das Werkzeug sollte immer gut geschärft sein. Schonen Sie daher Ihre Werkzeugschneiden folgendermaßen: Legen Sie sie nie auf Hartes aus Stein, Metall o. ä. Lagern Sie Schneidwerkzeuge nie lose durcheinander oder z. B. mit Schrauben zusammen. Entfernen Sie sorgfältig Nägel, Tackerklammern und abgerissene Schrauben aus Ihrem Werkstück. Verwenden Sie bei häufigem Bohren in härterem Material widerstandsfähiges Werkzeug – es lohnt sich!

Mit Forstnerbohrern arbeiten

Wenn Sie schon einmal ein **Scharnier** in einen Einbauküchenschrank, ein sog. Topfband, installiert haben, dann haben Sie ihn sicher schon kennengelernt – den Forstnerbohrer.

1-2 Um ein **Topfband** anzubringen, setzen Sie, wie mit dem normalen **Holzbohrer**, die Zentrierspitze auf den angezeichneten Punkt und bohren, bis die richtige Bohrtiefe erreicht ist. Wenn Sie merken, daß der Bohrer heiß wird oder das Holz ankohlt, halten Sie den Bohrer zum Abkühlen in ein Gefäß mit Wasser.

> **Profitip**
> Sie können bei guter Arbeitsbeleuchtung die Zentrierspitze des Bohrers auch bei rotierendem Bohrer gut sehen und müssen somit nicht jedesmal die Maschine auslaufen lassen.

3-4 Wenn Sie den Kopf z. B. einer **Schlüsselschraube** im Holz versenken wollen, bohren Sie zuerst mit dem größeren Durchmesser (hier: **Forstnerbohrer** 20 mm). Im Bohrloch ist dann noch deutlich die Spur der Zentrierspitze zu sehen, die Ihnen als Markierung für die nächste Bohrung dient. Würden Sie

1

2

3

4

in umgekehrter Reihenfolge vorgehen, hätten Sie Probleme, das größere Loch exakt mit dem gleichen Mittelpunkt zu bohren, und der Bohrer wäre auch schwer sauber zu führen. Auch hier gilt immer: Sicher einspannen und **Zulage** verwenden (s. Seite 38). Das hat außerdem den Vorteil, daß Sie die Bohrtiefe exakt einstellen können.

Gerade in relativ dünnen Spanplatten werden Sie davon profitieren.

> **Sicherheitstip**
> Da Forstnerbohrer schwer zu führen sind, ist es unbedingt empfehlenswert, einen Bohrständer oder eine Ständerbohrmaschine einzusetzen.

Spanplatten richtig verschrauben

1

2

3

Um Spanplatten zu verschrauben, sollten Sie in der ersten Platte vorbohren, und zwar mit 0,5–1 mm kleinerem Durchmesser als dem der Spanplattenschraube. Bei einer Schraube mit der Abmessung 3,5 x 40 (mm) solllten Sie also 3 mm vorbohren. Da die **Spanplattenschrauben** in der Regel ein durchgehendes Gewinde haben, würden sich die Teile nicht fest genug miteinander verbinden. Durch das **Vorbohren** erreichen Sie, daß der Schraubenkopf das erste fest an das zweite Teil preßt. Wenn es sich um eine stumpfe Eckverbindung handelt, ist das Vorbohren auch deshalb notwendig, um zu verhindern, daß die Spanplatte am Rand ausbricht.

1 Zuerst zeichnen Sie die Lage des unteren Teils so an, daß Sie die **Vorbohrungen** in der Mitte der Kante vornehmen können. Dann bohren Sie vor, aber nicht tiefer als die erste Platte dick ist.

Es gibt auch Holzbohrer, die, wie in der Abbildung zu sehen, in den **Schrauberbit-Aufnahmeschaft** gesteckt werden. Die Idee mag praktisch erscheinen (man kann mit nur einem Handgriff den Bohrer gegen den Bit auswechseln), hat

aber einen entscheidenden Nachteil: der Bohrer sitzt, ebenso wie der **Bit**, nicht ganz fest im Schaft, so daß das Ganze eine wackelige Angelegenheit wird und der Bohrer auch so manches Mal im Holz steckenbleibt.

2 Um die Schrauben sauber zu versenken, stellen Sie mit einem **Ausreiber** eine trichterförmige Vertiefung her, die der Größe des Schraubenkopfes entspricht.

3 Schließlich drehen Sie die Schraube gerade so fest ein, daß diese die Plattenteile bündig aneinanderdrückt – nicht mehr und nicht weniger; denn sonst wäre entweder die entstandene Verbindung nicht fest genug oder der Schraubenkopf zöge sich zu tief ins Material ein.

Profitip

Wenn Sie ein größeres Einbauprojekt vorhaben, lohnt es sich, einen Senker zu verwenden, den man auf einen Bohrer montieren kann. Das hat neben der Einsparung eines Arbeitsganges den Vorteil, daß Sie mit Hilfe des Senkers auch gleich die Bohrtiefe begrenzen.

Bohren in Metall

1 Ein **Metallbohrer** hat eine Schneide, die an ihrer Spitze stumpf ist; er kann folglich erst arbeiten, wenn es schon eine kleine Vertiefung gibt. Das ist der Grund, warum es beim Bohren in Metall notwendig ist, sich nicht nur die Lage der Bohrung mit der **Reißnadel** »anzureißen« (ins Metall einzuritzen), sondern sie auch mit einem speziellen **Körner**, dem Sie einen leichten Schlag mit dem Hammer versetzen, anzukörnen. Falls Sie ein Blech verarbeiten, sollten Sie es unbedingt vor dem Ankörnen auf eine massive metallene Unterlage legen, damit durch das Ankörnen keine größere Delle im Blech entsteht.

2 Besonders beim Bohren kleinerer Metallteile ist unbedingt auf eine gute **Fixierung** des Werkstücks zu achten. Ist das Stück sehr klein, gibt es spezielle kleine **Schraubhalter**, mit deren Hilfe man auch solche Teile problemlos einspannen kann. Ein nicht ausreichend festgespanntes Werkstück stellt, besonders im Moment des Durchbruchs, eine ernstzunehmende Gefahr dar. Legen Sie beim Bohren unbedingt ein Holzbrett oder etwas ähnliches unter das Blech, denn sonst verbeulen

Sie es durch den Druck auf die Maschine. Sie verhindern damit auch, daß die Schneide des Bohrers Schaden nimmt. In Metall bohren Sie mit viel niedrigeren Drehzahlen als in Holz oder in Mauerwerk – und zwar mit höchstens 1.800 U/min bei kleinen Bohrdurchmessern; bei größeren mit noch weniger Umdrehungen.

Haben Sie massives Metall zu bearbeiten, kann es notwendig werden, ein wenig Schneidöl oder Bohrmilch auf die Bohrstelle zu geben. Dies ist ein Gemisch aus Wasser und Öl, das die Reibung herabsetzt und zugleich den Bohrer kühlt. Der trockene Bohrer kann durch die Reibungshitze rasch ausglühen; Werkzeugstahl, der zu heiß wird und deshalb blau anläuft, verliert seine Härte und stumpft sofort ab.

3 Da bei Bohrlöchern in Metall immer ein scharfkantiger Rand (ein sog. Grat) bleibt, ist der letzte Arbeitsschritt das **Entgraten**. Hierzu verwenden Sie einen **Krausskopf**, der eine gewisse Ähnlichkeit mit dem Ausreiber hat (s. Seite 40) Diesen setzen Sie kurz vorsichtig an, so daß nur der Grat beseitigt wird.

1

2

3

Bohren in Kunststoffen

werkzeuge schneller heiß werden und können die Werkzeugschneiden durch **Überhitzung** weich und stumpf machen. Außerdem besteht die Gefahr des Verkohlens des Materials an Stellen mit zu großer Hitzeentwicklung. Deshalb gilt auch hier: Halten Sie stets ein Gefäß mit Wasser zum Eintauchen der Bohrwerkzeuge bereit.

Wenn Sie Platten mit **Dekorbeschichtung** (DKS), z. B. Küchenarbeitsplatten, durchbohren, setzen Sie den Bohrer immer an der Dekorseite an, um ein Abplatzen der Beschichtung zu vermeiden.

Harte **Kunststoffe**, wie z. B. Acrylglas, lassen sich mit den üblichen Holzwerkzeugen bearbeiten. Beim Bohren hat es sich allerdings bewährt, Metallbohrer zu verwenden, denn diese werden nicht so schnell stumpf.

Acrylglas können Sie im Fachhandel gleich auf das gewünschte Maß passend zusägen lassen; so haben Sie ebene, glatte Kanten, um gute Verbindungen herzustellen. Wie die meisten Kunststoffe ist auch Acrylglas **thermoplastisch**, d. h. durch Hitze verformbar (ab ca. 200 °C).

Um ein Anschmelzen während des Bearbeitungsvorganges zu verhindern, müssen Sie mit geringer Geschwindigkeit bzw. Drehzahl bohren. Es gilt: Je weicher der Kunststoff, umso geringer muß die **Drehzahl** sein. Falls Sie die Drehzahl nicht regulieren können, erreichen Sie den gleichen Effekt durch einen stärkeren Vorschub (= Kraft auf die Bohrmaschine in Arbeitsrichtung).

Holzwerkstoffe mit einem hohen Harzanteil, wie z. B. Spanplatten, mitteldichte Faserplatten (MDF) oder Multiplexplatten lassen Holz-

Die Stichsäge hingegen sollten Sie immer auf der Unterseite aufsetzen. Am besten verwenden Sie bei harten Kunststoffen Hartmetall-Schneiden mit Vorschneider. So erhalten Sie saubere Schnittränder und schonen Ihr Werkzeug.

Profitip
Um Beschädigungen durch Materialspannung vorzubeugen, müssen bei Durchgangsverschraubungen in Acrylglas ausreichend weite Bohrungen für den notwendigen Bewegungsspielraum sorgen.

Bohren in Glas

Obwohl es möglich ist, sehr vorsichtig mit einem Hartmetallbohrer (Stein-/Betonbohrer) Glas zu durchbohren, empfiehlt es sich, hierfür einen speziellen **Glasbohrer** mit Hartmetallspitze zu verwenden. Darüber hinaus sollten Sie beim Bohren in Glas folgendes beachten: Das Glas muß auf einer ebenen, nicht zu harten Oberfläche aufliegen.

1 Glas wird nie ganz durchgebohrt, sondern immer von zwei Seiten bearbeitet, damit das Glas an der **Austrittsseite** nicht abplatzen kann.

2 Damit es nicht zu Überhitzungen und somit zu Spannungen im Material kommt, damit der feine **Glasstaub** nicht in die Augen kommt und damit die Bildung gröberer Splitter unterbunden wird, sollten Sie eine ölige Flüssigkeit als **Bohrhilfsstoff** verwenden (z. B. Petroleum).

3-4 Natürlich geht das Bohren in Glas nur langsam vorwärts. Sie müssen beim Bohren mit größter Vorsicht und viel Fingerspitzengefühl vorgehen. Die Bohrerdrehzahl sollte 100 U/min nicht wesentlich überschreiten.

1

2

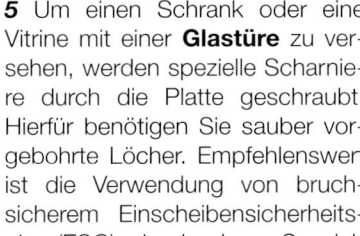

3

4

5 Um einen Schrank oder eine Vitrine mit einer **Glastüre** zu versehen, werden spezielle Scharniere durch die Platte geschraubt. Hierfür benötigen Sie sauber vorgebohrte Löcher. Empfehlenswert ist die Verwendung von bruchsicherem Einscheibensicherheitsglas (ESG), das in einem Spezialverfahren gehärtet wird.

5

Metrische Gewinde schneiden

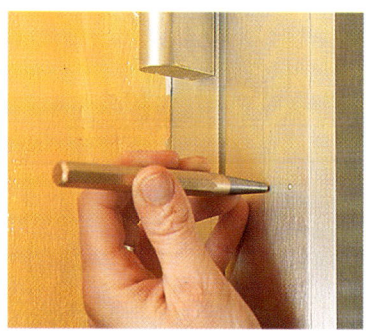

1

2

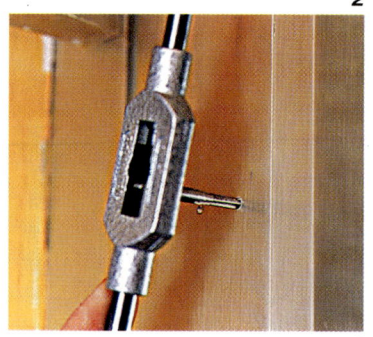

3

Wenn Sie etwas an einem **Metallrahmen** befestigen wollen, aber den Rahmen nicht komplett durchbohren wollen, etwa für eine lange Schraube mit Mutter, dann empfiehlt es sich, ein Gewinde selbst zu schneiden. Sie brauchen dazu allerdings spezielles Werkzeug: zumindest einen **Gewindebohrer**, ein **Windeisen**, um ihn zu führen, und einen normalen **Metallbohrer**.

1 Zuerst reißen Sie die entsprechende Stelle auf dem Rahmen an, setzen dann dort den **Körner** an, richten ihn senkrecht zur Fläche auf und geben einen Probeschlag mit dem Hammer auf den Körner. Wenn dieser richtig sitzt, körnen Sie kräftiger an.

2 Das **Bohrloch** muß kleiner sein als das Nennmaß des Gewindes und zwar um 15 %. Zum Beispiel benötigen Sie für ein M-10-Gewinde eine Bohrung von 8,5 mm Durchmesser. Das ist wichtig; denn wenn das nicht beachtet wird (um Hundertstel geht es dabei allerdings nicht), hat entweder das Gewinde nicht genügend Halt, weil es zu flach wird, oder Sie kommen mit dem Gewindeschneider gar nicht erst in die Bohrung hinein. Anschließend entgraten Sie den **Bohrlochrand**.

3 Setzen Sie jetzt den ersten **Gewindeschneider** (in der Regel sind es für jedes Gewinde drei Stufen) mit dem **Windeisen** in das Loch und drehen ihn möglichst senkrecht und mit Gefühl leicht hinein. Überprüfen Sie, ob der Schneider auch wirklich senkrecht steht. Wenn Sie den Gewindebohrer verkanten, ist dies vor allem bei tieferen Gewinden äußerst problematisch. Steht er senkrecht auf der Fläche, können Sie fortfahren, das Windeisen zu drehen. Nach ca. drei Drehungen sollten Sie immer wieder eine halbe Drehung zurückfahren, damit keine zu langen **Späne** entstehen, die sich leicht querlegen und die Arbeit erschweren. Am Ende muß sich auch der letzte Gewindeschneider ganz leicht wieder herausdrehen lassen.

Profitip
Auch ausgerissene Gewinde sind kein unüberwindbares Problem. Durch Nachschneiden mit einem passenden Gewindebohrer können Sie beschädigte Innengewinde meistens noch retten.

Schrauben aus Gewindestangen anfertigen

Es gibt immer wieder Situationen, in denen Sie »Schrauben nach Maß« brauchen. Sie sollten daher immer eine **Gewindestange** auf Lager haben – besser noch mehrere in verschiedenen Querschnitten – mit dazu passenden Muttern (Hutmuttern o. ä.). Denn damit können Sie sich in vielen Spezialfällen metrische Schrauben (Maschinenschrauben) schnell selbst anfertigen.

1 Schneiden Sie ein Stück in der richtigen Länge von der Gewindestange ab. Am besten spannen Sie sie mit Hilfe zweier **Muttern** in den Schraubstock. Die Säge-Markierung bringen sie vorteilhafterweise mit einem **Permanent-Marker** an.

2 Da beim **Absägen** ein sog. Grat entsteht (eine feine, scharfe, überstehende Kante) und dieser Grat oft den Gewindegang versperrt, müssen Sie die Gewindestange entgraten. Am besten entfernen Sie den Grat mit einer **Feile** oder am **Schleifbock** (Schutzbrille nicht vergessen!) in Richtung Schnittkante.

3 Anschließend drehen Sie die Muttern herunter. Wenn Sie dabei

1

2

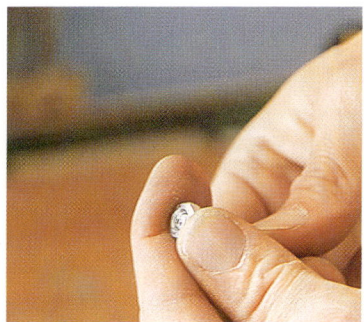

3

4

noch einen Widerstand spüren, bedeutet das, daß noch ein Rest des Grates vorhanden war, den nun die Mutter beseitigt hat. Lassen Sie deshalb immer die Muttern beim Entgraten noch auf dem Gewinde.

4 Zu guter Letzt schrauben Sie eine **Hutmutter** oder eine andere **Spezialmutter** auf das Ende der Gewindestange. Wenn Sie – wie bei einer normalen Schraube – sicher sein wollen, sie mit dem Gewindegang zusammen auch wieder herausdrehen zu können, müssen Sie eine **Kontermutter** verwenden. Ohne eine solche laufen Sie Gefahr, daß Sie die Kopfmutter alleine herausdrehen.

Schrauben gegen Lösen sichern

1

2

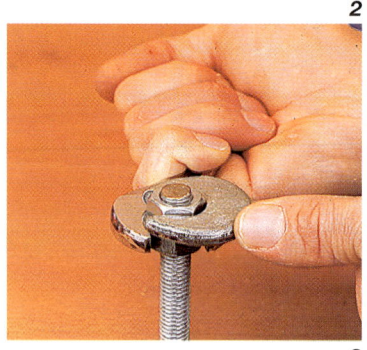

3

Überall wo Schrauben (mit metrischem Gewinde) verwendet werden, besteht die Gefahr, daß die Verbindung instabil wird oder sich löst – ganz besonders, wenn sie hohen Beanspruchungen ausgesetzt ist. Um dem vorzubeugen, existieren diverse Methoden und Hilfsmittel zur **Sicherung** von Schrauben. Davon sollen im Anschluß nur die wichtigsten vorgestellt werden.

1 Der Umstand, daß viele Schraubverbindungen sowieso Scheiben oder Ringe voraussetzen, legt nahe, diesen Ringen gleich eine zweite Funktion zukommen zu lassen. So verwendet man die verschiedensten **Sicherungsringe**, wie z. B. den **Federring**, der, weil er aus Federstahl ist, seine Spannkraft behält. Gern eingesetzt wird auch ein Sicherungsring, der wie ein Kranz aussieht (Zahnscheibe) und dessen Zacken sich der lösenden Drehbewegung widersetzen.

2 Dann gibt es die **Sicherungsmutter**, die dank einer integrierten Plastikscheibe soviel Reibungsfläche mit dem Gewinde hat, daß sie sich zwar generell schwerer bewegen läßt, sich aber eben

auch nicht von selbst wieder löst. Sie hat darüber hinaus den Vorteil eines nichtrostenden Sicherungselements.

3 Was aber macht man, wenn man gerade keine dieser speziellen Ringe im Werkzeugkasten hat? Dann können Sie sich ganz einfach mit zwei konventionellen **Muttern** helfen, indem Sie die erste wie gehabt festziehen, eine zweite darüberschrauben und die beiden mit Kraft gegeneinander verdrehen. Dies nennt man **Kontern**.

Außerdem ist Kontern eine gute Methode, ein Gewinde zu fassen (s. Seite 45). Ein weiterer Vorteil von letztgenannter Methode ist, daß Sie an jeder beliebigen Stelle eines Gewindeganges zwei Muttern kontern können.

Profitip
Vorausgesetzt, daß die Teile nicht ölig sind, kann der Schlosser ein paar Tropfen flüssigen und somit gut kriechenden Metallkleber an die Schraube/Mutter geben und sie anschließend festziehen. Auch ein Stückchen Installations-Dichtungsband am Gewinde wirkt Wunder.

Elektro- und Wasserleitungen auffinden

Bohren und Dübeln in Wänden ist nicht an jeder beliebigen Stelle möglich: In Wänden und Decken können sich **Elektro-** und **Wasserleitungen** oder auch Stahlträger befinden.

1 Das Anbohren von **Elektroleitungen** ist gefährlich, weil es beim Eindrehen von Schrauben zu einem gefährlichen Stromschlag kommen kann. Sie müssen die Leitungen bei Beschädigung auf jeden Fall auswechseln lassen. Das Auffinden dieser Leitungen ist nicht immer leicht: **Moderne Elektroinstallationen** folgen genauen Regeln: Die Leitungen verlaufen üblicherweise nur senkrecht und waagrecht, in einem Bereich von etwa 30 cm unterhalb der Decke und oberhalb des Fußbodens. **Abzweige** davon sind senkrecht zu den Steckdosen oder zu Deckenlampen verlegt. Aber bei älteren Installationen oder bei selbst ausgeführten Änderungen können Sie sich auf diese Regel nicht immer verlassen. **Unebenheiten** auf der Wand verraten oft nachträglich verlegte Leitungen.

2 Elektroleitungen können Sie auch mit **Leitungssuchgeräten** aufspüren, die je nach Funktionsweise

als **Metalldetektor** arbeiten oder das **Magnetfeld** der Leitungen erkennen. Tests von Produkten verschiedener Herstellerfirmen haben unterschiedliche Qualitäten ergeben: Manche dieser Geräte lassen keine zentimetergenaue Ortung der Leitungen zu, die meisten Geräte dringen nur wenige Zentimeter in die Wandoberfläche ein. Eine absolute Sicherheit bieten sie also nicht.

In den Wänden befinden sich auch **Wasserleitungen**. Wasserleitungen verlaufen bei Neubauten meist senkrecht unter und über Wasserentnahmestellen, bei Altbauten kann man sich auf solche Regeln nicht verlassen. Metalldetektoren können Metalleitungen aufspüren, heute gibt es jedoch schon viele Wasserleitungen aus Kunststoff, die sie nicht orten können.

Bevor Sie also loslegen, sollten Sie Elektro- und Wasserleitungen anhand von Installationsregeln, Abzweigdosen und Plänen rekonstruieren. Dazu können Sie in vielen Fällen auch **Leitungssuchgeräte** sinnvoll einsetzen. Arbeiten Sie trotzdem umsichtig und vorsichtig, denn hundertprozentige Sicherheit gibt es hier nicht.

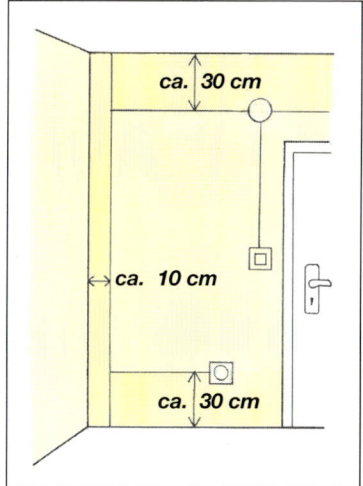

1

2

Befestigungen in Mauerwerk und Beton

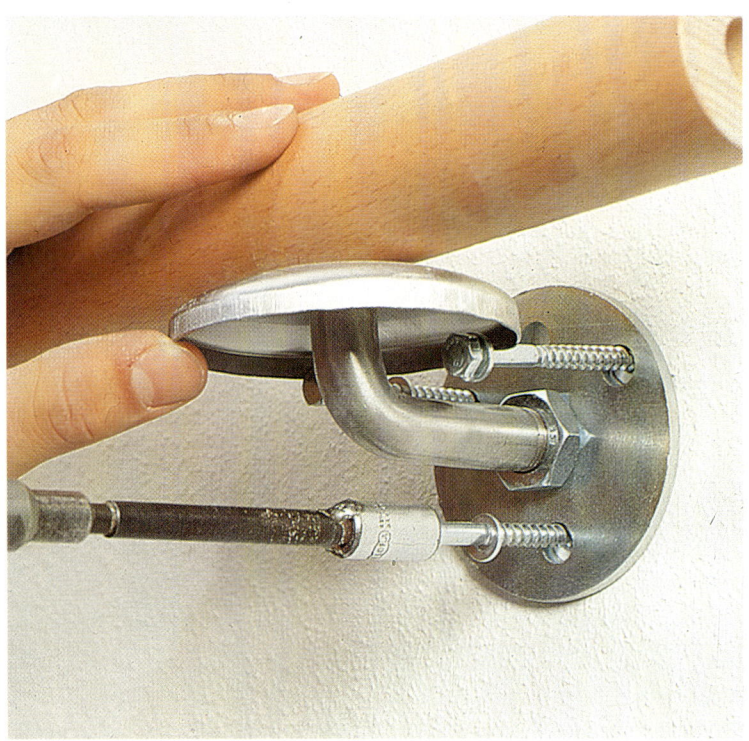

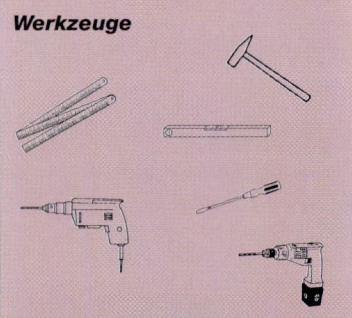

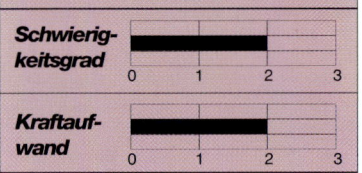

Material

Spreizdübel, Allzweckdübel aus Kunststoff und Metall, Schrauben, Steinbohrer

Werkzeuge

Schwierig-keitsgrad

0	1	2	3

Kraftauf-wand

0	1	2	3

Arbeitszeit

Für die Montage von 5 Dübeln benötigen Sie etwa eine halbe Stunde.

Ersparnis

Sie sparen dabei etwa 25 Mark.

Mauerwerk kann aus verschiedenen **Baustoffen** bestehen: Aus Vollsteinen, aus Lochsteinen, aus porosierten Materialien oder aus Beton. Neben dem Gewicht des zu befestigenden Gegenstands hängt die Auswahl des richtigen Dübels besonders vom Baustoff ab (s. Seite 14f.). Durch **Probebohrungen** und **Bohrmehlanalyse** kann man genauere Aufschlüsse erhalten.

Zur Befestigung leichterer und mittelschwerer Gegenstände an massivem Mauerwerk und Beton verwendet man vorwiegend Spreiz- oder Allzweckdübel, meist aus Kunststoff. Die Auswahl der richtigen Bauart und Größe richtet sich nach der Beschaffenheit des **Dübelgrunds** und dem **Gewicht** des zu befestigenden Gegenstands.

Spreizdübel (s. Seite 18, Nr. 1) eignen sich für Vollmauerwerk und Beton, **Allzweckdübel** aus Kunststoff (s. Seite 18, Nr. 2 bis 6) auch für gelochte und Hohlkammersteine und für porosierte Steine wie Porenbeton. Gängige Größen sind Dübel der Abmessungen (Durchmesser x Länge) 6 x 40 mm, 8 x 50 mm, 10 x 60 mm, für Porenbeton sollten die Dübel entsprechend länger sein, z. B. 60, 80 und 100 mm.

Dübel sollen beim Eindrehen der Schraube nicht mitdrehen, sie besitzen daher am Schaft **Schuppen** oder **Lamellen** und am Hals Sperrkanten, die das verhindern sollen. Je weicher ein Baustoff ist, desto stärker sollten diese **Drehsicherungen** ausgeprägt sein.

1 Für die Bemessung und Verwendung von Standard- oder Allzweckdübeln gelten folgende **Grundregeln:**
- **Putzschichten** sind kein stabiler Untergrund und zählen bei der Berechnung der Verankerungstiefe nicht mit.

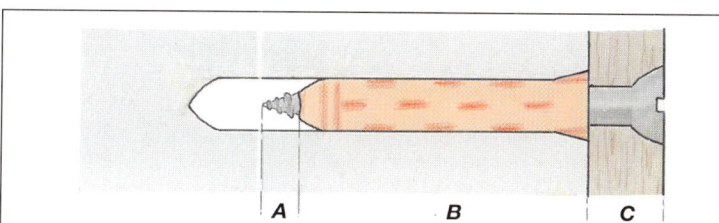

Bohrlochtiefe = B (Dübellänge) + 10 mm
Schraubenlänge = A (Schraubendurchmesser) + B + C (Montageteil)
Bohrerdurchmesser = Dübeldurchmesser

1

- Der **Bohrlochdurchmesser** entspricht meist dem Dübeldurchmesser, d. h. für einen Dübel 8 mm benötigt man einen Bohrer 8 mm. Manche Fachleute empfehlen, den Bohrlochdurchmesser bei weichem Mauerwerk wie Porenbeton um einen halben bis einen Millimeter zu reduzieren, in manchen Fällen läßt sich der Dübel jedoch dann schwer ins Bohrloch stecken.

2

- Das **Bohrloch** sollte mindestens 10 mm länger sein als der Dübel im eingesteckten Zustand, damit die Schraube ganz eingedreht werden kann.

Als Schrauben für Standard- und Allzweckdübel werden Holzschrauben oder Spanplattenschrauben verwendet. Den erforderlichen

3

4

5

6

Schraubendurchmesser berechnen Sie in vielen Fällen wie im folgenden Beispiel:

Dübeldurchmesser	8 mm
−	2 mm
= Schraubendurchmesser	6 mm

Je schwerer ein Gegenstand ist, desto eher muß dieses größtmögliche Schraubenmaß eingehalten werden. Dünnere Schrauben verringern die Haltewerte. In allen Zweifelsfällen entnehmen Sie den optimalen Schraubendurchmesser den Angaben der Hersteller, z. B. den Informationen auf Verpackungen oder in Prospekten.

Auch die **Schraubenlänge** muß sorgfältig ermittelt werden, um sicheren Halt zu gewährleisten. Die Schrauben müssen etwas länger sein als der Dübel – als Wert nehmen Sie den Schraubendurchmesser –, damit sich der Dübel ausreichend spreizen bzw. verknoten kann; z. B.:

Dübellänge	60 mm
+ Dicke des Montageteils	20 mm
+ Schraubendurchmesser	6 mm
= Schraubenlänge	86 mm

Die Länge wird zur nächsten erhältlichen Schraubenlänge aufgerundet, also z. B. auf 90 mm. Wird der Dübel durch den Montagegegenstand gesteckt (Durchsteckmontage), so errechnet sich die Schraubenlänge aus Dübellänge plus Schraubendurchmesser. Auch bei Dübelsets, also Dübeln mit zugehörigen Schrauben, muß geprüft werden, ob die Schraubenlänge für den jeweiligen Zweck ausreicht.

2 Verwenden Sie zum Bohren des **Dübellochs** einen **Steinbohrer** oder einen geeigneten **Allzweckbohrer**. Achten Sie darauf, daß das Loch genau senkrecht verläuft. Die meisten Baustoffe lassen sich im Drehgang bohren, nur für Vollziegel und Beton benötigen Sie das **Schlagwerk**. **Tiefenbegrenzer** verhindern zu tiefe Bohrlöcher, so daß der Dübel nicht im Mauerwerk verschwinden kann.

3 Entfernen Sie das **Bohrmehl** aus dem Bohrloch, am besten mit dem Staubsauger. Bohrmehl verringert die Reibung und damit die Haltekraft des Dübels.

4 Für die Befestigung von Bildern, Regalen, Schränken etc. wird die **Vorsteckmontage** verwendet. Der Dübel schließt bündig mit der Wand ab. Stecken Sie den Dübel in das Bohrloch und helfen Sie mit leichten Hammerschlägen nach. Dübel mit Kappe verhindern, daß der Dübel bis zum Ende des Bohrlochs durchrutscht und so die Spreizung verringert wird.

5 Drehen Sie nun die Schraube mit dem passenden Schraubendreher, ggf. mit Bohrmaschine oder Akkuschrauber ein. Neben den herkömmlichen **Holz-** und **Spanplattenschrauben** gibt es eine Reihe von **Haken** und **Ringschrauben**; Kappen decken Bohrloch und Dübel vollständig ab.

6 Sie können mit der Vorsteckmontage auch **Leisten** befestigen, z. B. für Wandverkleidungen. Eine bessere Anpressung ist möglich, wenn die Schrauben einen gewindelosen Hals besitzen, dessen Länge mindestens dem Durchmesser der zu befestigenden Leiste entsprechen sollte. Bohren Sie die Leiste vor – und zwar im Durchmesser des Schraubenschafts.

7-8 Bei der Befestigung von dickeren Gegenständen, z. B. Traglattungen, wird häufig die **Durchsteckmontage** eingesetzt: Der Dübel wird dabei durch das

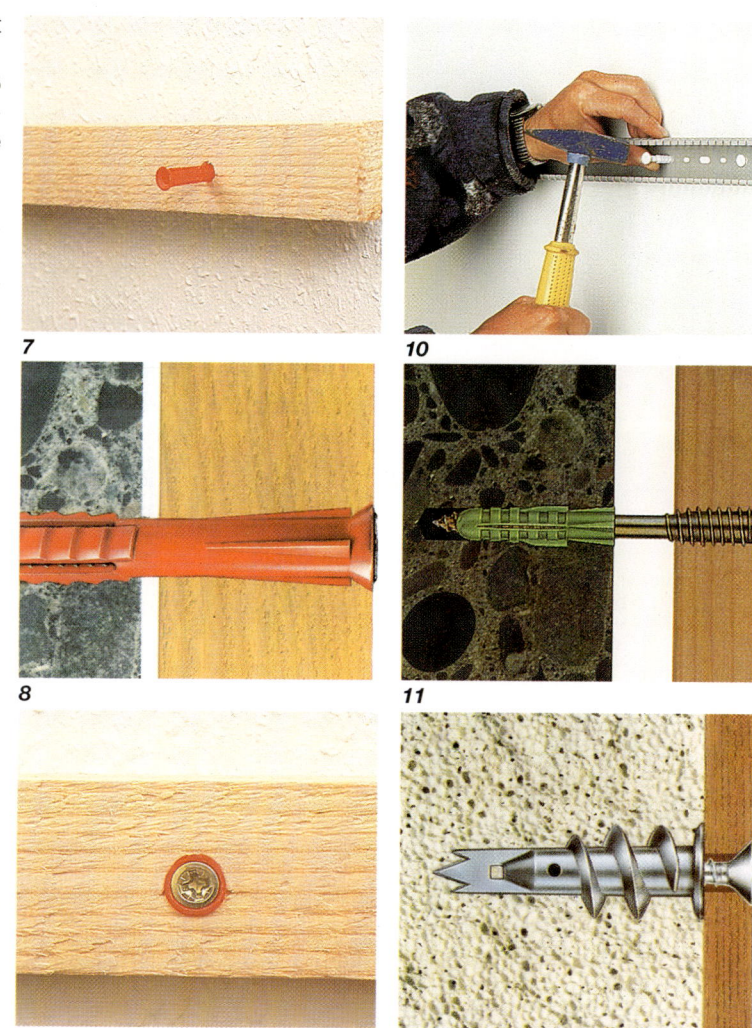

7

8

9

10

11

12

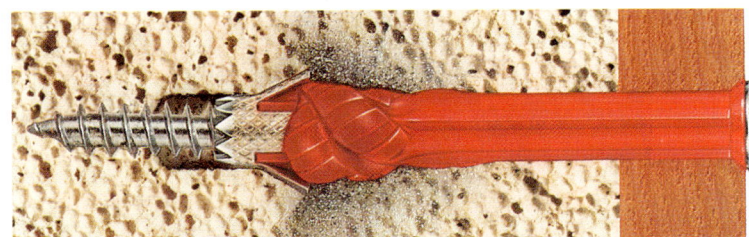

13

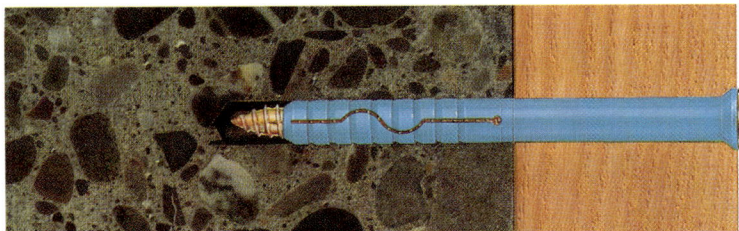

14

10 Immer mehr Verbreitung finden **Nageldübel**, die sowohl für Beton und Vollmauerwerk eine schnelle Befestigung ermöglichen. Nach dem Bohren des Dübellochs wird die **Nagelschraube** in den Dübel gesteckt und mit dem Hammer eingeschlagen. Ein **Kreuzschlitzkopf** ermöglicht ein zusätzliches Anziehen der Schraube und eine spätere Demontage.

11 Eine Sonderform der Montage ist die **Abstandsmontage:** Sie erfolgt mit entsprechend langen Schrauben durch Unterlegen von Keilen, Klötzen, Distanzringen oder mit entsprechenden **Distanzschrauben**. Die Schraube wird mehr auf Biegung beansprucht und muß entsprechend stabil sein, der Dübel muß ausreichend im festen Mauerwerk verankert sein. Auch Befestigungen an gedämmten Wänden sind im Grunde Abstandsmontagen.

12 Porenbeton erfordert in vielen Fällen keine speziellen Dübel; für viele Befestigungen reichen längere Allzweckdübel, die zum Teil als spezielle **Porenbetondübel** angeboten werden. Daneben gibt es für Befestigungen in Porenbeton auch Spezialdübel: Der im Bild gezeigte

Werkstück gesteckt. Bohren Sie im zu befestigenden Gegenstand Löcher in Dübeldicke und anschließend mit dem Steinbohrer das Dübelloch ins Mauerwerk. Stecken Sie den Dübel durch den Gegenstand ins Bohrloch und drehen Sie die passende Schraube ein.

Wenn Sie auf einem Werkstück mehrere Befestigungspunkte haben, können Sie es wie eine **Bohrlehre** benutzen: Bohren Sie durch die vorgebohrten Löcher. Das hat den Vorteil, daß der Bohrer nicht verrutscht und die Löcher genau passen. Wenn Sie geeignete All-

zweckbohrer verwenden, können Sie durch Latte und Mauerwerk gleichzeitig bohren.

9 Ziehen Sie nun die Schraube soweit an, bis das Werkstück sicher befestigt ist.

Profitip

Einfache Schlitzschrauben lassen sich in hartem Mauerwerk meist nicht gut eindrehen und der Schraubendreher rutscht leicht ab. Besser geeignet sind daher Schrauben mit Kreuzschlitz- oder Torxantrieb.

Dübel, der auch für Gipskarton geeignet ist, erzielt gute Haltewerte. Er wird mit dem Schraubendreher oder Elektroschrauber in das Material eingedreht, anschließend wird die Schraube montiert.

13 Spezielle **Langdübel** eignen sich besonders für Durchsteckmontagen in **Porenbeton**. Der Dübel kann mit dem Hammer eingeschlagen werden, das Steinmaterial wird dabei verdichtet, der Dübel hält besser. Diesen Dübel können Sie auch für andere Baustoffe verwenden, bei denen Sie in der Regel vorbohren müssen.

14-16 Für schwerere Befestigungen wie Fassadenverkleidungen gibt es spezielle **Fassadendübel**, die deutlich länger sind als herkömmliche Dübel und so zur Befestigung dicker Kanthölzer geeignet sind. Für Porenbeton gibt es eine spezielle Form, die sich gut mit dem Baustoff verbindet.

Nicht immer gelingt das Bohrloch bzw. die Befestigung auf Anhieb.

• Ist das **Bohrloch ausgebrochen** oder treffen Sie auf eine **Mörtelfuge**, können Sie ein neues Loch bohren, versetzt um die Verankerungstiefe des Dübels.

15

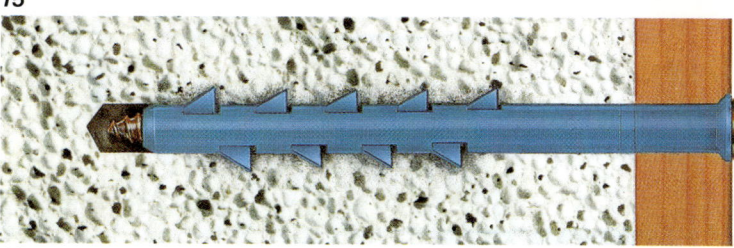

16

• Ist das Dübelloch nur etwas **zu groß**, können Sie auch den nächstgrößeren Dübel verwenden. Dübel gibt es oft in Millimetergrößen abgestuft, ein Set mit unterschiedlichen Durchmessern sollte immer griffbereit sein.

• Der oft gehörte Ratschlag, das Loch mit Spachtelmasse oder Mörtel zu verschließen, ist problematisch: Die Abschätzung des Haltewerts ist schwierig, bei Decken ist die Gefahr des Ausbrechens noch größer als bei Wänden, bei Lochsteinen verschwindet die Füllmasse beim Eindrehen der Schraube seitlich in den Hohlräumen, und der Dübel findet aufgrund der verringerten Reibung keinen Halt mehr.

Denken Sie bei der Dübelmontage auch an später: Bei Kunststoffdübeln wird bei jedem **Aus- und Eindrehen** der Schraube der Haltewert des Dübels deutlich geringer.

Ist zu erwarten, daß Befestigungen wieder gelöst werden müssen, verwenden Sie am besten Metalldübel mit Gewinde oder geeignete Kunststoffdübel mit Metallspitze, die ein Aus- und späteres Eindrehen ermöglichen.

Befestigungen an Decke und Fußboden

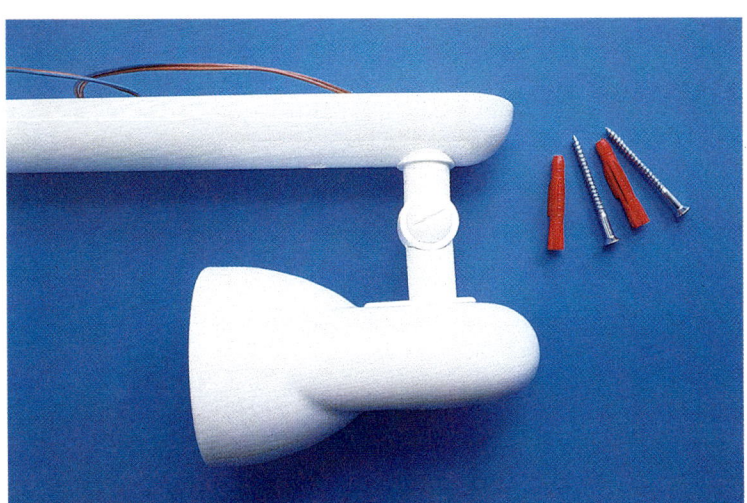

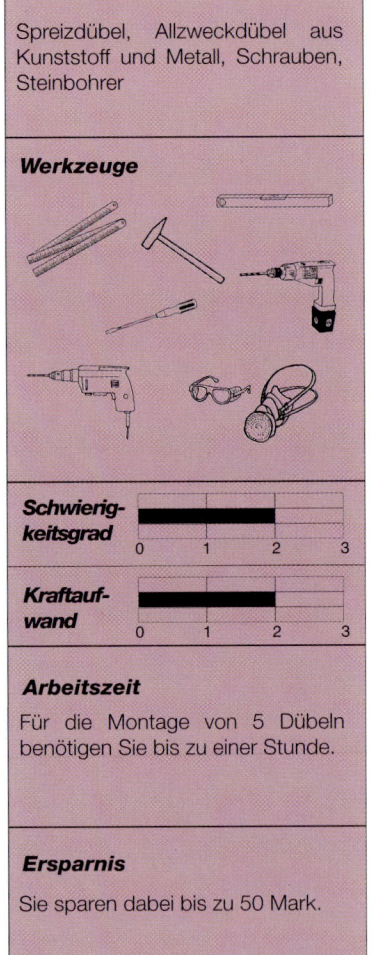

Material

Spreizdübel, Allzweckdübel aus Kunststoff und Metall, Schrauben, Steinbohrer

Werkzeuge

Schwierig-keitsgrad

| | 0 | 1 | 2 | 3 |

Kraftauf-wand

| | 0 | 1 | 2 | 3 |

Arbeitszeit

Für die Montage von 5 Dübeln benötigen Sie bis zu einer Stunde.

Ersparnis

Sie sparen dabei bis zu 50 Mark.

Für Decken und Fußböden sind bei der Befestigung kleinerer Lasten keine besonderen Befestigungssysteme erforderlich. Für mittlere Lasten sollten Sie für Montagen an Decken **Metalldübel** einsetzen, für hohe Lasten sind nur **Schwerlastdübel** aus Metall geeignet. Decken und Fußböden sind häufig anders aufgebaut als Mauerwerk.

1 Welche Bohrer und Dübel für Decken verwendet werden, ist von der Deckenkonstruktion abhängig. Die geläufigsten sind: die **Stahlbetondecke**, die **Porenbetondecke**, die Decke aus eingehängten **Deckensteinen** und die **Holzbalkendecke**.

Die **Betondecke mit Baustahlbewehrung** (»Stahlbetondecke«) ist spätestens seit den sechziger Jahren eine weitverbreitete Deckenkonstruktion. Neben den an Ort und Stelle hergestellten **Ortbetondecken** gibt es auch Betondecken aus **Fertigbauteilen**, die sich in ihren Eigenschaften jedoch meist nicht grundsätzlich unterscheiden. Die Befestigung kleinerer und mittlerer Lasten an Betondecken erfolgt mit Spreizdübeln oder Allzweckdübeln.

2 Zur schnellen Befestigung an Betondecken gibt es auch **Schnellanker**. Sie werden einfach ins Bohrloch eingesteckt und verklemmen sich durch die Zugkraft im Bohrloch.

Besonders in Bauten aus Porenbeton werden **Fertigteildecken** aus bewehrtem Porenbeton eingesetzt. Leichtere Lasten kann man mit Spreiz-, besser mit Allzweckdübeln, aufhängen, dabei sollte man jedoch immer längere Dübel bevorzugen. Größere Lasten können mit speziellen **Porenbetonankern** befestigt werden.

Daneben gibt es **Massivdecken** aus speziellen Einhängesteinen. Die sog. **Deckensteine** werden auf Stahlbetonträgern eingehängt bzw. eingelegt, anschließend werden die Fugen mit Beton vergossen. Die bekannteste Form ist die **Ziegeldecke**. Einhängesteine gibt es jedoch auch aus Leichtbeton. Ähnlich wie bei Mauersteinen müssen Sie bei Steindecken mit **Hohlräumen** rechnen, so daß Spreizdübel hier meist nicht geeignet sind. Die richtige Wahl sind in der Regel genügend lange Allzweckdübel, bei großen Hohlräumen auch spezielle Hohlraumdübel (s. Seite

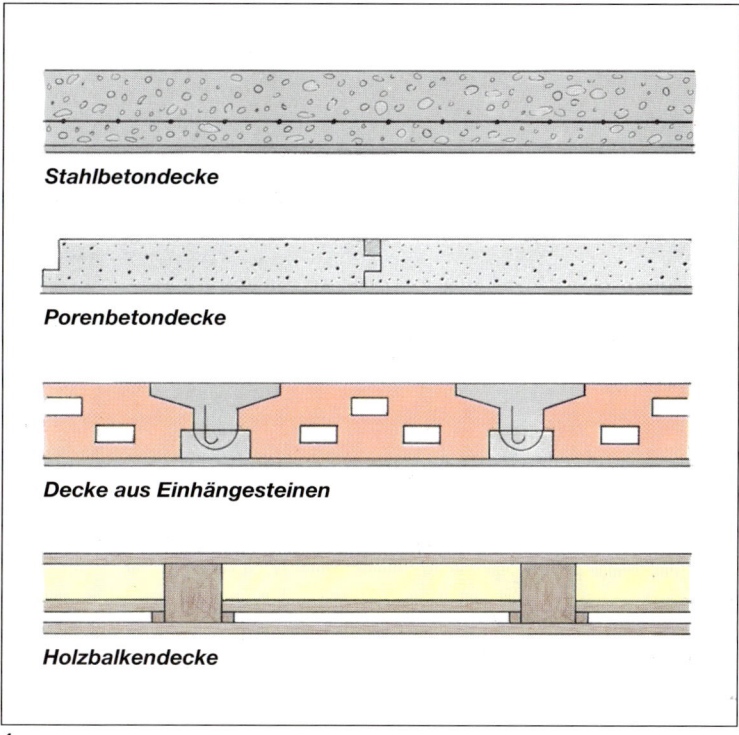

Stahlbetondecke

Porenbetondecke

Decke aus Einhängesteinen

Holzbalkendecke

1

20). Den genauen Aufbau der Decke können Sie sich oft nur durch **Probebohrungen** erschließen: Ziegeldecken ergeben rotes Bohrmehl, Hohlkammersteine erkennen Sie durch ruckartiges Vorankommen des Bohrers. Beide Materialien sollten Sie im Drehgang

(bei ausgeschaltetem Schlagwerk) bohren, damit ein Wegbrechen der Stege verhindert wird.

3-4 Die Abbildungen zeigen die Montage eines **Allzweckdübels aus Metall**, hier am Beispiel einer Betondecke. Dieser Dübel ist je-

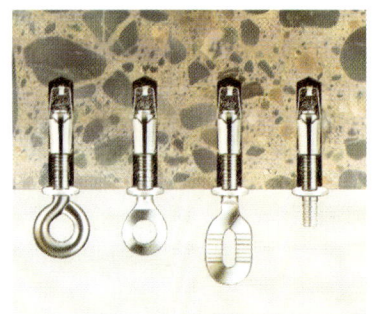

2

3

4

doch auch für Porenbeton- und Steindecken geeignet. Bohren Sie ein Loch im Dübeldurchmesser. Stecken Sie den Dübel ins Bohrloch und drehen Sie die Schraube ein.

Holzbalkendecken sind v. a. in älteren Häusern zu finden. Der Aufbau ist bei allen Decken ähnlich: Massive Balken liegen auf Außen- und Innenmauern auf und tragen den ganzen Deckenaufbau. Diese Deckenkonstruktion existiert auch bei **ausgebauten Dachgeschossen**. Hier bilden oft Balken des Dachstuhls die Decke. Um eine haltbare Befestigung zu ermöglichen, müssen Sie sich über den Aufbau im klaren sein. Holzbalken kann man manchmal durch Abklopfen oder durch Messen (z. B. im Dachstuhlbereich) ermitteln. Die Befestigung direkt am Balken – oft die sinnvollste Möglichkeit – ist mit **Holzschrauben** möglich.

Holzbalkendecken besitzen meist sog. **Fehlböden**, d. h. waagrechte **Bretterverschalungen**, die mit leichten, wärmedämmenden oder schweren, schalldämmenden Materialien ausgefüllt sind. Meist direkt unter den Balken befindet sich eine **Deckenverkleidung**, z. B. aus Holz, aus Gipskartonplatten, oder

aus Holzwolle-Leichtbauplatten mit Putzbeschichtung. Die Auswahl der Dübel richtet sich nach dem Gewicht und der Stabilität der Deckenkonstruktion und dem zur Verfügung stehenden Hohlraum. Bei Holz- und Gipskartonverkleidungen sind Allzweckdübel möglich. Ist genügend Hohlraum vorhanden, sollte man **Hohlraumdübel** einsetzen.

Putze an Holzbalkendecken haften meist auf **Holzwolle-Leichtbauplatten** (meist 4 bis 6 cm dick) oder **Mehrschicht-Leichtbauplatten** mit Dämmstoffkern. Spreizdübel halten hier nicht, auch Allzweckdübel sind nicht geeignet, weil sie beim Eindrehen der Schraube mitdrehen. Hier empfehlen sich auf jeden Fall spezielle Hohlraumdübel.

Sicherheitstip
Fehlböden können auch feinkörniges Schüttmaterial enthalten, das beim Anbohren herunterrieselt. Schützen Sie Ihre Augen daher mit einer Schutzbrille.

Wenn Sie nicht die richtigen Dübel vorrätig haben, empfiehlt sich vor dem Einkauf die **Untersuchung**

der Decke und der Hohlräume, z. B. mit einem umgebogenen Draht. Erst wenn die Dicke der Verkleidung und die Größe der Hohlräume bekannt ist, lassen sich die richtigen Dübel einkaufen und unnötige Fahrten und Kosten vermeiden.

Mittelschwere und **schwere Lasten** sind nicht an allen Decken möglich, z. B. nicht an **Steindecken**. Hier müssen Sie auf andere Konstruktionen zurückgreifen, beispielsweise die Last auf einer Metallplatte an der Deckenoberseite verankern.

5 Auch an **Fußböden** werden Gegenstände befestigt: Abdeckleisten, Türstopper, manche Heizkörpermodelle. Auch Fußböden sind verschieden aufgebaut, sie können mit unterschiedlichen **Deckenkonstruktionen** kombiniert sein. Die Abbildung zeigt einen auf eine Massivdecke aufgebrachten Verbundestrich, einen Estrich auf einer feuchtigkeitsisolierenden Trennschicht, einen schwimmenden Estrich und einen Dielenboden auf Kanthölzern.

Estriche bestehen aus Zementmörtel, sind hart, meist aber nur 3 bis 5 cm dick. **Verbundestriche** liegen direkt auf einer Massivdecke. Besteht diese Decke aus Beton, können Spreiz- und Allzweckdübel bis in die Decke reichen. Bei Einhängedecken ist mit Hohlräumen zu rechnen, deshalb sollten Sie hier längere Allzweckdübel bevorzugen. **Estriche auf Trennschicht** (meist Kunststofffolie oder Bitumenbahn) werden bei erdberührenden Böden eingesetzt, werden sie durchbohrt, kann es in ungünstigen Fällen zu Feuchtigkeitsschäden kommen. Schwimmende Estriche sind meist nur 3 cm dicke Estriche auf einer wärme- oder schalldämmenden Schicht. Befestigungen sind hier am besten mit Allzweckdübeln möglich.

Dielenböden auf Kanthölzern bestehen meist aus Brettern mit 20 bis 25 mm Dicke. Für bestimmte Zwecke kann man hier Holzschrauben einsetzen, auch Allzweckdübel oder Hohlraumdübel sind in vielen Fällen geeignet. Schwieriger ist die Situation bei den weicheren **Fußbodenplatten aus Gips** (meist auf Dämmschicht) und **schwimmenden Holzfußböden**, die häufig höchstens 18 mm dick sind. In manchen Fällen können Allzweckdübel helfen, gut halt-

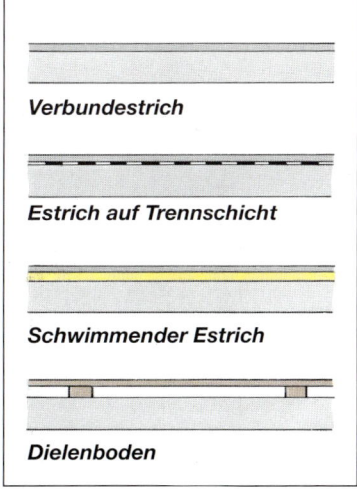

Verbundestrich

Estrich auf Trennschicht

Schwimmender Estrich

Dielenboden

5

bare Befestigungen erreicht man jedoch nur, indem man ausreichend lange Dübel in der darunterliegenden Decke verankert.

Sicherheitstip
Auch in Decken und Fußböden können sich Elektro- und Wasserleitungen befinden (s. Seite 47). Vermeiden Sie Befestigungen auf Böden mit Fußbodenheizungen. Die schlangenförmig verlegten Rohre sind häufig aus Kunststoff und lassen sich auch mit Metalldetektoren nicht orten.

Befestigungen mit Hohlraumdübeln

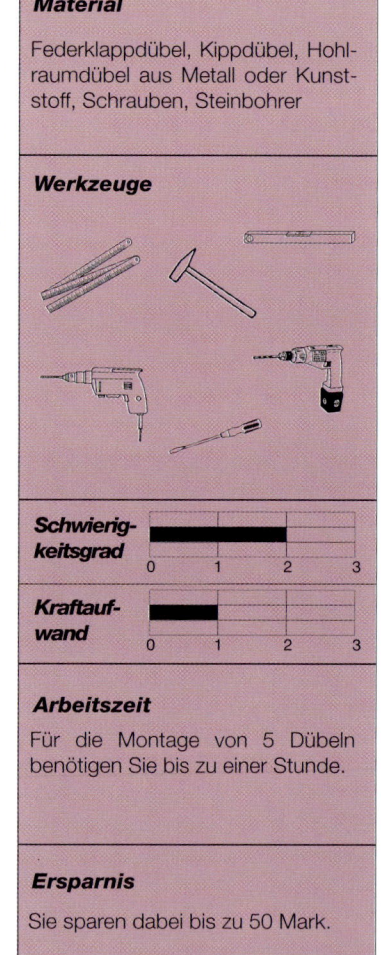

Material

Federklappdübel, Kippdübel, Hohlraumdübel aus Metall oder Kunststoff, Schrauben, Steinbohrer

Werkzeuge

Schwierigkeitsgrad

0   1   2   3

Kraftaufwand

0   1   2   3

Arbeitszeit

Für die Montage von 5 Dübeln benötigen Sie bis zu einer Stunde.

Ersparnis

Sie sparen dabei bis zu 50 Mark.

Herkömmliche Dübel halten in massivem Mauerwerk und sind für **Hohlräume** meist nicht geeignet. Hohlräume können sich im Haus überall befinden: hinter **Wand-** und oberhalb von **Deckenverkleidungen** aus Holz oder Gipskarton, aber auch in großen Hohlkammern von **Deckensteinen**.

Für manche Befestigungen sind Allzweckdübel und Hohlraumdübel gleichermaßen geeignet, für bestimmte Fälle eignen sich nur Hohlraumdübel. Hohlraumdübel gibt es aus Metall oder Kunststoff und als Federklapp- oder Kippdübel, die

überwiegend an Decken eingesetzt werden (s. Seite 20).

1 Für ausreichend stabile Baustoffe wie **Gipskartonplatten** oder **Holzverkleidungen** eignen sich neben Allzweckdübeln (links) spezielle Hohlraumdübel, z. B. aus Metall. Die gezeigten Dübel besitzen am Dübelkopf **Krallen** und drehen beim Anziehen der Schraube nicht so leicht durch. In diesem Fall sind die Dübel vorverschraubt. Die Montage ist nicht schwierig: Bohren Sie nach Herstellerangabe vor und stecken Sie den Dübel durch die Öffnung. Ziehen Sie die

Schraube an – je nach Schraubenkopf beispielsweise mit dem Schraubendreher oder dem Sechskantschlüssel. Der Dübel soll gut gespreizt sein, ein Überdrehen sollte aber vermieden werden, da dies die Stabilität der Verbindung beeinträchtigen kann.

2 Für die Montage an **Decken** werden neben Metall-Hohlraumdübeln häufig Federklapp- und Kippdübel aus Metall eingesetzt. Kunststoffdübel sollten an Decken möglichst nicht eingesetzt werden.

3-4 Bohren Sie zuerst passend zur Dübelgröße und nach Angaben des Herstelles ein **Dübelloch** vor. In diesem Fall wird ein Kippdübel gesetzt.

5-6 Nun können Sie den Gegenstand montieren, im ersten Fall eine Lampe, im zweiten Fall eine **Vorhangschiene**. Verwenden Sie – je nach Befestigungszweck – den richtigen Dübel, z. B. Dübel mit Haken für **Lampenbefestigungen**, Dübel mit Rändelschraube für Vorhangschienen, Dübel mit Mutter für enganliegende Befestigungen wie Holzleisten. Die Schraube wird normalerweise so weit eingedreht, bis die Unterlegscheibe anliegt.

Ist die zu überbrückende **Plattendicke** gering und der **Hohlraum** klein, kann die Schraube am oberen Ende so weit gekürzt werden, daß sich der Dübel gerade noch zum Einschieben zusammenklappen läßt. Falsch montierte Federklapp- und Kippdübel können normalerweise nicht mehr herausgezogen werden, sie werden abgeschnitten, der Rest verbleibt im Hohlraum.

7-8 Zu den Hohlraumdübeln gehören auch **Gipskartondübel**, die es in verschiedenen Ausführungen gibt. Die gezeigten Dübel werden mit dem Kreuzschlitzschraubendreher oder dem Elektroschrauber bei langsamer Drehzahl in den Untergrund eingeschraubt. Die Dübel bohren sich ihre Löcher selbst. Sie eignen sich auch für

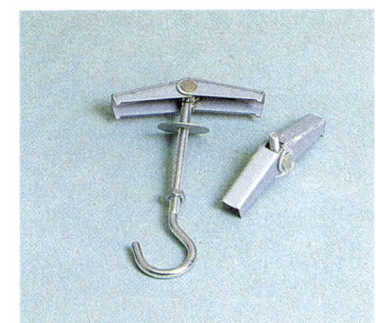

2

3

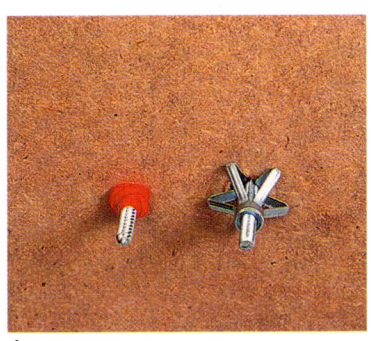

1

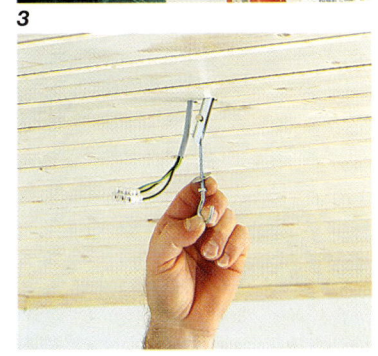

4

5

6

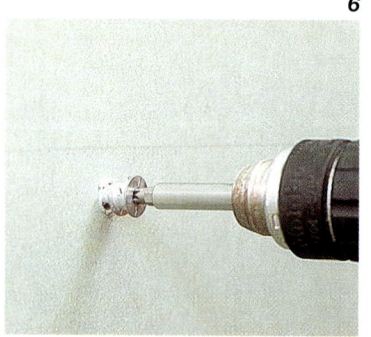

7

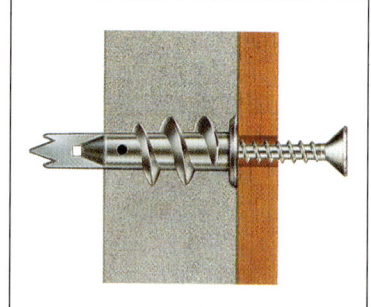

8

Sperrholz- und **Spanplatten**, beim rechts gezeigten Dübel muß dabei aber vorgebohrt werden. Diese Dübel eignen sich auch für **Porenbetonsteine** (s. Abb. Seite 51) und für **Gipsplatten**, die meist bis zu 10 cm dick für leichte Zwischenwände eingesetzt werden.

Für die Befestigung schwererer Lasten an **Leichtbauwänden** gibt es spezielle **Schwerlast-Kippdübel**, die jedoch nur an ausreichend stabilen Wänden, z. B. einfach und mehrfach beplankten Gipskartonplatten, halten.

Für **Holzwolle-Leichtbauplatten** und **Mehrschicht-Leichtbauplatten** (s. Abb. Seite 15) eignen sich Allzweckdübel meist nicht, weil die relativ weiche Oberfläche zu wenig Halt gibt. Bei Mehr-schicht-Leichtbauplatten können überhaupt nur geringfügige Lasten montiert werden.

Sind Hohlräume mit **Dämmstoffen** ausgefüllt, ist möglicherweise eine Dampfsperre aus Alu- oder Polyethylenfolie eingebaut. Dies ist vor allem bei kühlen Außenwänden und Räumen mit hoher Luftfeuchtigkeit, wie etwa Bädern, Küchen und Waschräumen, zu erwarten. Die Dampfsperre verhindert, daß der in der Raumluft enthaltene Wasserdampf durch die Wandschale in die Dämmschicht vordringt und sich dort durch Abkühlung als Kondenswasser niederschlägt. Löcher oder Risse in der Dampfsperre können Schimmelbildung zur Folge haben und die Dämmwirkung herabsetzen.

Die Beschaffenheit der Baustoffe setzt den möglichen Lasten deutliche Grenzen: Nicht jede Last kann überall befestigt werden. So werden Sie häufig auf **alternative Konstruktionen** zurückgreifen müssen, indem Sie z. B. schwere Sanitärgegenstände an Metallständerwänden oder Standkonsolen montieren oder Lasten auf der Deckenoberseite mit Metallplatten verankern.

Montagen mit Schwerlastdübeln

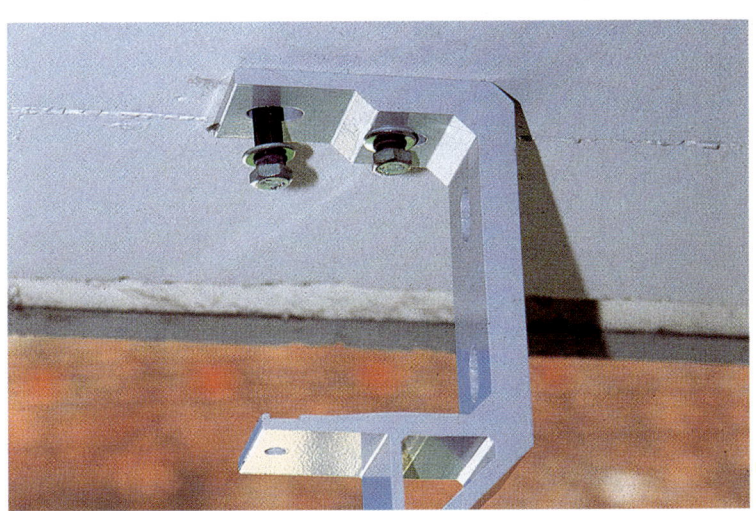

Material

Mittellastbefestigungen, Messing-Spreizdübel, Schwerlastanker, Steinbohrer

Werkzeuge

Schwierig-keitsgrad			
0	1	2	3

Kraftauf-wand			
0	1	2	3

Arbeitszeit

Für das Setzen eines Schwerlastankers brauchen Sie je nach Voraussetzungen bis zu einer Viertelstunde.

Ersparnis

Sie sparen dabei etwa 15 Mark.

Schwerlastdübel sollen die Befestigung schwerer Gegenstände ermöglichen. Ein Versagen des Untergrunds oder des Dübels kann sowohl schwere Sachschäden als auch Verletzungen nach sich ziehen. Bestimmte Befestigungen kann der Heimwerker zwar durchaus selbst ausführen, er muß sich allerdings sehr genau über die Montage informieren und ggf. Fachleute miteinbeziehen. Viele Schwerlastdübel besitzen eine **bauaufsichtliche Zulassung**, deren Daten hinsichtlich Belastung, Eignung und Abständen genau beachtet werden müssen.

1-3 Bei dieser Montage einer **Markise** verwenden Sie **Langdübel**, die für Beton und massives Mauerwerk geeignet sind. Die metrischen Schrauben ermöglichen das starke Festziehen der Schraube. Da Markisen im Freien meist an exponierten Stellen montiert werden, müssen Sie neben der Eigenlast auch noch **Umgebungsfaktoren** berücksichtigen, wie z. B. Wind-, Regen- und Schneebelastungen, die ein mehrfaches des Eigengewichts ausmachen können. Die Montage der Dübel an sich ist nicht besonders schwierig: Dübel auswählen, Löcher im Dü-

Arbeitsanleitung: Schwerlastdübel setzen

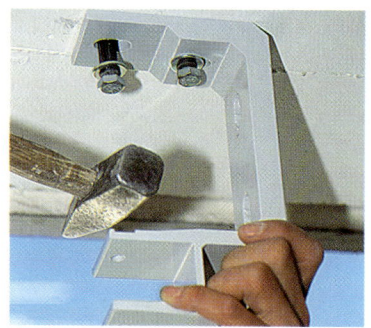

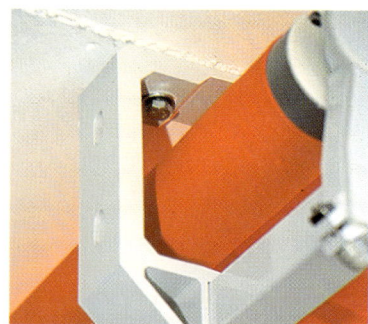

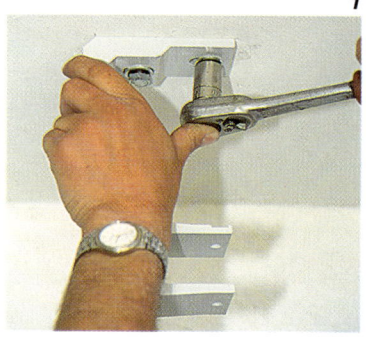

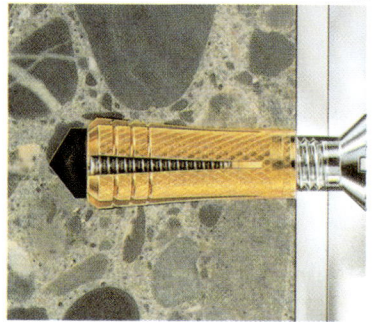

ge. Putzschichten zählen nicht zur Verankerungstiefe.

Zum **Dübelsetzen** untersuchen Sie zunächst den Untergrund und wählen nach den zu erwartenden Lasten den richtigen Dübel aus. Bohren Sie mit der **Schlagbohrmaschine** bei eingeschaltetem Schlagwerk in Dübeldicke vor. Das Bohrloch muß mindestens 10 mm tiefer sein als der Dübel im eingesteckten Zustand. Das ist hier besonders wichtig, damit das Eindrehen der Schraube vollständig möglich ist. Würde der Dübel bis zum Bohrlochende eingesteckt, könnte die Schraube den Dübel nicht ausreichend spreizen. Nun wird die **metrische Schraube** eingedreht. Nach einigen wenigen Umdrehungen mit der Hand müssen Sie beim Eindrehen hohe Kräfte aufwenden, damit sich der Dübel ausreichend spreizt. Um eine entsprechende Hebelwirkung zu erzielen, können Sie z. B. ein Metallrohr oder einen langen **Schraubenschlüssel** verwenden.

6-8 Sehr hohe Lasten können **Schwerlastanker** tragen, die aus hochwertigen Stählen gefertigt sind. Aufgrund ihrer sehr hohen Spreizkraft sind sie ausschließlich für **Beton** geeignet, dessen Qua-

beldurchmesser bohren, Bohrstaub sorgfältig entfernen, Gegenstand an den Montageort halten, Dübel einstecken, metrische Schraube fest anziehen.

4-5 Spreizdübel aus Messing eignen sich nur für Beton und für sehr stabiles Vollmauerwerk. Für älteres Vollmauerwerk mit maroden Mörtelfugen sind sie jedoch nicht

geeignet, da die Steine durch den hohen Druck gesprengt werden können. Messingdübel sollten an Decken nur für nichtzulassungspflichtige Befestigungen eingesetzt werden. Messing-Spreizdübel sind relativ kurz. Sie müssen daher so montiert werden, daß sie vollständig in tragfähigen Baustoffen stecken, die **Mindestverankerungstiefe** ist gleich der Dübellän-

lität mindestens **B 15** entsprechen muß, besser noch **B 25**. Zum Teil ist Beton mit der Qualität B 25, die für tragende Bauteile wie Betondecken eingesetzt wird, für Schwerlastanker obligatorisch.

Schwerlastanker werden – wie schon der Name sagt – bei der Montage von hochbelasteten Konstruktionen eingesetzt, z. B. bei Geländern, Treppen, Stützen oder Stahlträgern. Die Montage selbst ist zwar nicht allzu schwierig, eine **Montageanleitung** des Herstellers sollten Sie jedoch immer zur Hand haben. Bohren Sie zunächst ein Loch im Dübeldurchmesser vor, das etwa 10 mm tiefer als der Anker im eingesteckten Zustand ist, stecken Sie den Anker ein und ziehen Sie die Schraube fest an. Außerdem müssen Sie vorher über zahlreiche Details Informationen einholen, wie z. B. über die **Betonqualität**, die **Tragkraft**, die **Randabstände**, die **Abstände der Dübel** untereinander etc. Deshalb sollten sich nur relativ professionelle Heimwerker diese Arbeit zutrauen.

Neben diesen Schwerlastankern gibt es sog. **Verbundanker**, eine Gewindestange, die mit **Reaktionsharz** im Bohrloch befestigt wird.

5

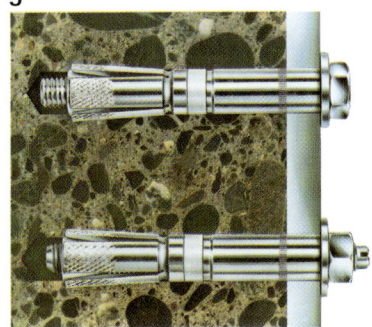

6

7

8

Schätzen Sie Ihre Fähigkeiten richtig ein. Schwerlastbefestigungen sind kein Kinderspiel. Das Versagen der Befestigung kann Gefahr für Leib und Leben bedeuten. Schwerlastbefestigungen erfordern ein sehr sorgfältiges Arbeiten sowie umfangreiche Kenntnisse über die Beschaffenheit des Befestigungsgrunds, über die zu erwartenden Lasten und über die Belastbarkeit der einzelnen Dübel.

Nicht immer ist die Befestigung schwerer Lasten mit Dübeln oder Ankern möglich; manchmal müssen Sie auf andere Konstruktionen zurückgreifen, z. B. eine Last mit einer Metallplatte auf der gegenüberliegenden Seite eines Bauteils verankern.

Dämmstoffdübel anbringen

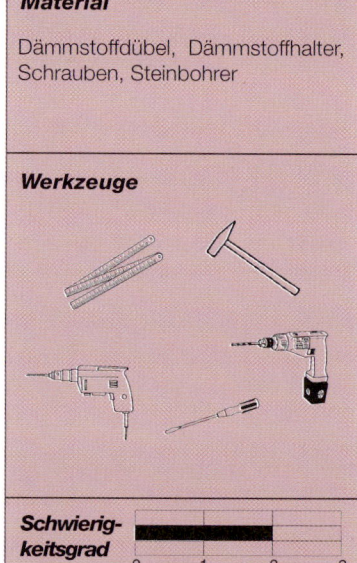

Material

Dämmstoffdübel, Dämmstoffhalter, Schrauben, Steinbohrer

Werkzeuge

Schwierig-keitsgrad			
0	1	2	3

Kraftauf-wand			
0	1	2	3

Arbeitszeit

Für das Setzen von 5 Dämmstoff-dübeln benötigen Sie etwa eine halbe Stunde, bei größeren Flächen deutlich weniger.

Ersparnis

Sie sparen pro Quadratmeter Dämmstoffbefestigung etwa 30 Mark (ohne Verkleben der Platten).

Dämmstoffe an Mauerwerk und Beton sollen die Wärmedämmung dieser Bauteile verbessern und tragen so zur Energieeinsparung bei. Zur Befestigung werden häufig Dämmstoffdübel eingesetzt (s. Abb. Seite 22). Beachten Sie bei allen Arbeiten auch die Angaben des Dämmstoffherstellers.

1 Dämmstoffe gibt es aus verschiedenen Materialien und in zahlreichen Ausführungen, für die Befestigung an Wänden und Decken meist in Form von steifen **Matten** und **Platten** (Polystyrol, Mineralwolle, Holzwolle-Leichtbau- und Mehrschichtplatten etc.). Die Art der Befestigung richtet sich nach der Gesamtkonstruktion. Bei **Wärmedämm-Verbundsystemen** werden die Dämmplatten anschließend verputzt. Die steifen Platten werden auf dem Untergrund verklebt und zusätzlich durch **Dämmstoffdübel** gesichert. Als Dübel verwendet man Dämmstoffdübel mit angegossenem Scheibenkopf, in seiner Funktion ein Allzweckdübel. Die handwerkliche Schwierigkeit dieser Montage liegt nicht in der Anbringung des Dämmstoffs, sondern im Aufbringen der Putzbeschichtung.

In bestimmten Fällen ist auch die Dämmung von **Geschoßdecken** sinnvoll, z. B. der Kellerdecke zu beheizten Räumen. Der einfachste Fall, das Verkleben von Dämmstoffplatten, ist nicht immer möglich. Alternativ kann man Dämmstoffdübel einsetzen.

2-3 Die **Montage** von Dämmstoffdübeln ist relativ einfach: Schneiden Sie die Dämmstoffplatte zu, tragen Sie ggf. mit dem Zahnspachtel Kleber auf. Bohren Sie durch den Dämmstoff ins Mauerwerk, wie bei herkömmlichen Dübeln. Stecken Sie nun den Dübel ins Bohrloch und befestigen Sie die passende Schraube. Die Zahl der Dübel pro Quadratmeter richtet sich nach Größe und Gewicht der Platte. Bei **verputzten Platten** sind häufig sechs Dübel pro Quadratmeter er-

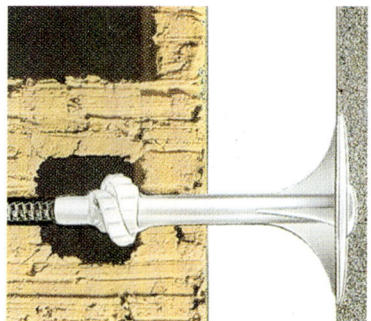

1

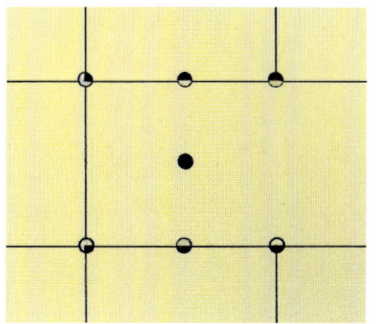

2

3

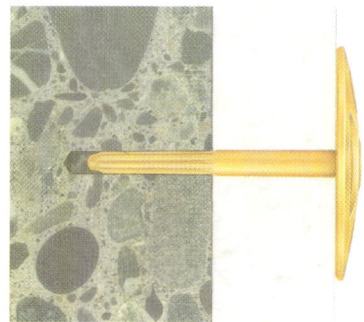

4

forderlich, für **unverputzte Sichtplatten** reichen häufig vier Befestigungsdübel aus. In den meisten Fällen werden die Dübel an den Stoßstellen und Ecken angebracht, wie in der Zeichnung gezeigt.

4 Ideal für Heimwerker sind die meisten Dämmsysteme mit **Verkleidungen**, z. B. bei vorgehängten Fassaden. Da der Dämmstoff keine

Last tragen muß, reicht in diesem Fall die Befestigung mit **Dämmstoffhaltern** aus: Der Halter wird einfach in das Bohrloch im Mauerwerk eingeschlagen, Längsrippen sorgen für den Halt, Schrauben und Nägel sind nicht erforderlich. Dieses Befestigungssystem ist nur für Wände, nicht für Decken geeignet. Für brandsichere Konstruktionen gibt es Halter aus Metall.

Hängeschränke an der Wand befestigen

Material

2 Schrankaufhängebeschläge, 2 Holzleisten, Haken, Dübel, Schrauben, Steinbohrer

Werkzeuge

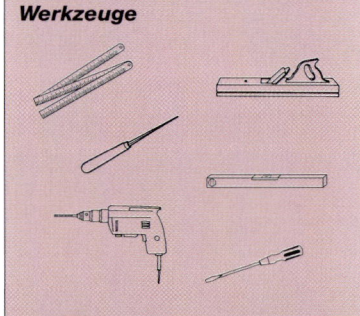

Schwierig-keitsgrad	0	1	2	3

Kraftauf-wand	0	1	2	3

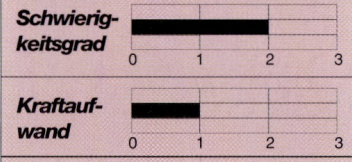

Arbeitszeit

Für die Montage eines Hänge-schranks benötigen Sie etwa eine dreiviertel Stunde.

Ersparnis

Sie sparen dabei etwa 50 Mark.

Ob in der Küche, im Bad oder anderswo: aus Platzgründen ist es häufig notwendig, Schränke an der Wand zu befestigen. **Schränke älterer** Machart haben ausreichend massive Rückwände, um sie einfach mit einer Schraube und vielleicht einer Beilagscheibe direkt an die Wand zu dübeln.

Die meisten **modernen Schrank-möbel** haben aber eine dünne, oft nur mit kleinen Nägeln befestigte Rückwand aus Hartfaser- oder Sperrholzplatten. Da eine solche Rückwand keine tragende Funktion ausüben kann, muß eine **Verbindung zum Korpus** hergestellt werden.

1

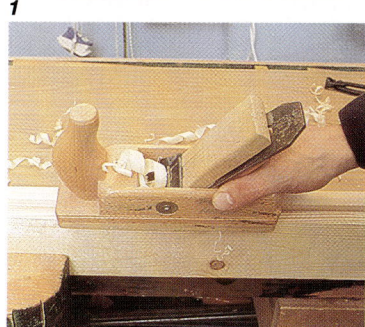

2

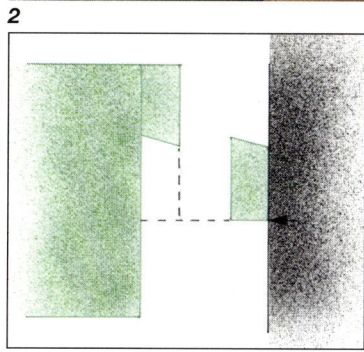

3

Entweder bewerkstelligen Sie dies mit Hilfe eines speziellen, mehr oder weniger komplizierten **Beschlags**, oder Sie können alternativ dazu eine **Keilleiste** anfertigen:

1 Hierfür benötigen Sie zwei **Leisten**, von denen eine so lang sein muß wie der Schrank breit ist, die andere kann kürzer sein. Es empfiehlt sich aber, beide erst einmal gleich lang zu bearbeiten. Spannen Sie die beiden Leisten leicht versetzt, aber parallel ein und zeichnen Sie mit einer **Schmiege** einen Winkel von etwa 60°–70° an der Stirnseite an. Übertragen Sie die angezeichneten Markierungen auch auf die Längsseiten, damit Sie gerade hobeln.

2 Nun hobeln Sie die bezeichnete Schräge auf beide Kanten zugleich, so daß diese genau aufeinander passen. Wenn Sie nicht mit dem Hobel arbeiten wollen oder können, nehmen Sie die **Stichsäge** und stellen Sie sie auf einen Winkel von 20°–30° ein.

3-4 Eine Leiste schrauben Sie an der Oberseite des Schranks fest, die andere befestigen Sie an der Wand. Beachten Sie dabei die richtige **Höhe**, die sich aus dem Ab-

4

stand Schrankoberkante minus Keilleiste ergibt. Auf dieser Höhe zeichnen Sie eine Linie an die Wand, legen dort die untere Leiste an und bohren durch die Leiste in die Wand.

5 Stecken Sie die Dübel durch und schrauben Sie die **Keilleiste** an die Wand.

5

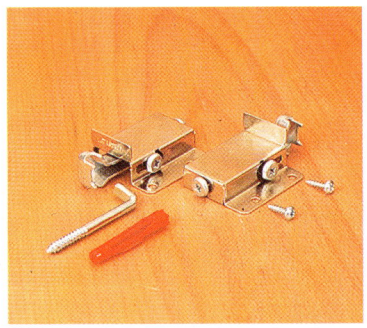

6

9

7

10

8

11

6 Zum Aufhängen von Oberschränken werden eine Vielzahl verschiedener **Beschläge** angeboten, deren Funktionsprinzip dem Abgebildeten ähneln.

7 Sie halten den Beschlag in die obere Ecke des Schranks, markieren die **Befestigungspunkte** in der Seitenwand und die Größe der notwendigen Öffnung in der Rückwand. Bei der Befestigung des Beschlags ist zuerst ein Vorstechen mit dem **Spitzbohrer** notwendig.

8 Nachdem Sie das Loch in die Rückwand gebohrt haben, nehmen Sie nun, mit Hilfe der **Wasserwaage** und der an ihr zu befestigenden **Markierungsspitzen**, Maß an der Rückseite. Messen Sie ebenso die Höhe vom Schrankboden bis zum Aufhängungspunkt. So können Sie die Maße kinderleicht auf die Wand übertragen.

9-10 Der **Wandhaken** hält den Beschlag aushängesicher und somit den Schrank fest an der Wand.

11 Mit den beiden **Stellschrauben** können Sie jederzeit von vorne die Ausrichtung des Schranks beeinflussen oder ihn zum Aushängen wieder lockern.

Einbauschranktüren montieren

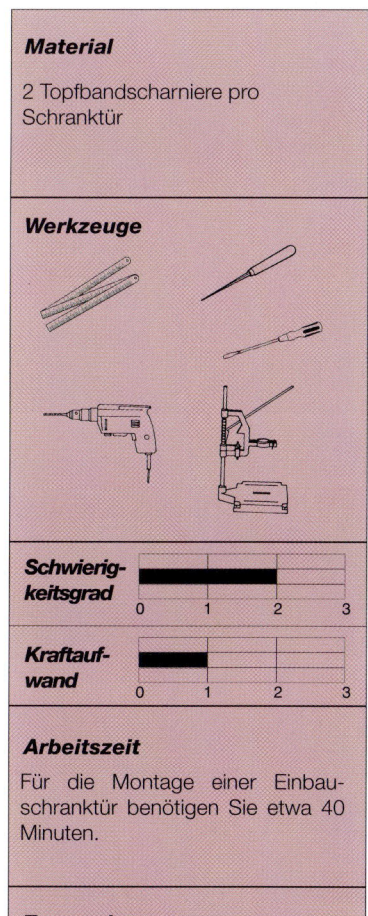

Material

2 Topfbandscharniere pro
Schranktür

Werkzeuge

**Schwierig-
keitsgrad**

| 0 | 1 | 2 | 3 |

**Kraftauf-
wand**

| 0 | 1 | 2 | 3 |

Arbeitszeit

Für die Montage einer Einbau-
schranktür benötigen Sie etwa 40
Minuten.

Ersparnis

Sie sparen dabei 30 bis 90 Mark.

Einbauschranktüren, die den Schrankkörper verdecken, nennt man **»aufschlagende« Türen**, im Gegensatz zu **»einschlagenden« Türen**, die den Blick auf die seitlichen Kanten offen lassen. Im folgenden ist die Montage eines Topfbands für aufschlagende Türen dargestellt. Wenn Sie die **Topfbänder** im Fachhandel kaufen, sollten Sie diese Unterscheidung berücksichtigen.

Die Qualität variiert sehr stark mit den Preisen: Je geringer der Kunststoffanteil, umso größer ist die Tragkraft des jeweiligen Topf-bandscharniers; und je vielseitiger justierbar es ist, umso mehr müssen Sie in der Regel investieren. Qualitativ hochwertige Topfbandscharniere, die gleichzeitig durch Federn die Türen im geschlossenen Zustand an den Korpus drücken, werden Sie nur selten zu einem günstigen Preis finden. Sparen Sie deshalb nicht an falscher Stelle.

1 Als ersten Schritt entnehmen Sie die Lage der notwendigen Bohrungen entweder der mitgelieferten **Produktskizze** oder der beiliegenden **Anreißschablone**.

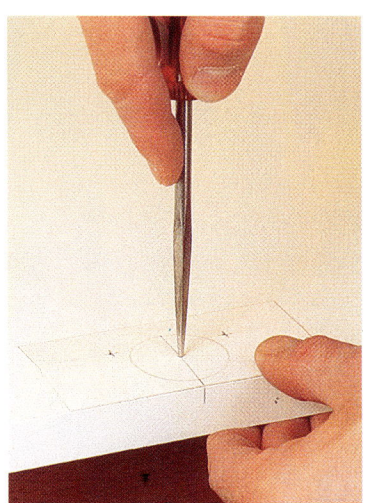

1

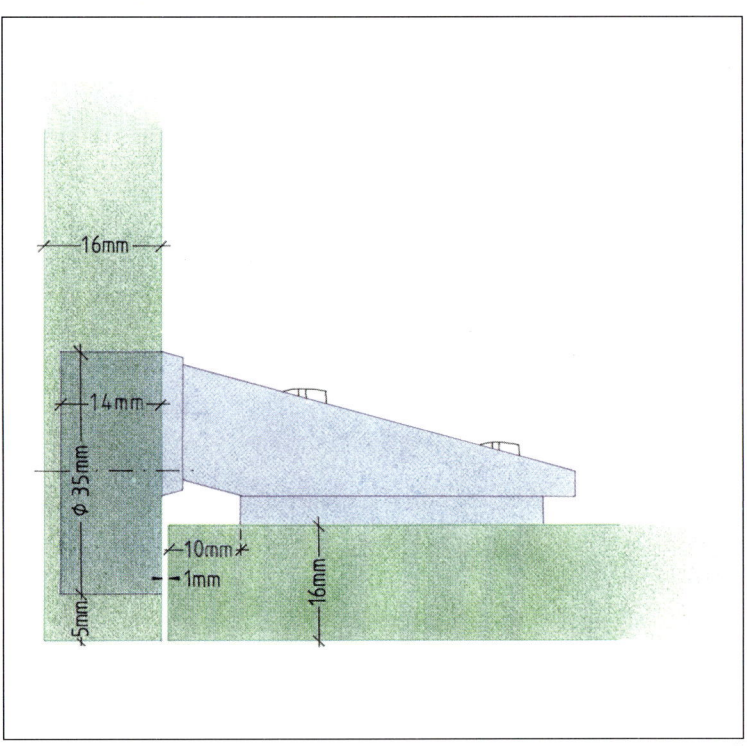

2

3

2 Sollte beides nicht vorhanden sein, konstruieren Sie – wie in der Abbildung dargestellt – die benötigten **Abstände** der Bohrungen von den jeweiligen Tür- und Korpuskanten. Die Maße übernehmen Sie direkt vom jeweiligen Topfbandscharnier und zeichnen sie entsprechend ein.

3 Sorgen Sie bei allen Bohrungen für eine sichere Begrenzung der Bohrtiefe mittels eines **Bohrständers**, in den Sie die Bohrmaschine senkrecht einspannen. Beachten Sie, daß die Zentrierspitze des Bohrers tiefer ins Material eindringt als der übrige Bohrer.

4

5

6

4 Bei den meisten seitlichen Befestigungsschrauben ist ein **Vorstechen** mit dem **Spitzbohrer** ausreichend.

5 Schrauben Sie nun den Topf und das Gegenstück getrennt fest (Pfeil zeigt zur Kante). Schieben Sie die beiden Scharnierteile ineinander und ziehen Sie die **Halteschrauben** an.

6-7 Richten Sie nun die Türen mit Hilfe der **Stellschraube** aus. Wenn Sie sie lockern, müssen Sie die Halteschraube nachziehen, und wenn Sie sie festerziehen, müssen Sie die Haltschraube wieder ein wenig ausdrehen. Richten Sie mit Hilfe der Stellschrauben die Türen gerade und in gleichmäßigem Abstand zueinander aus.

7

Vorhangstangen befestigen

Material

Holzreste, Vorhangstange, Dübel, Schrauben, Forstnerbohrer, Lochsäge

Werkzeuge

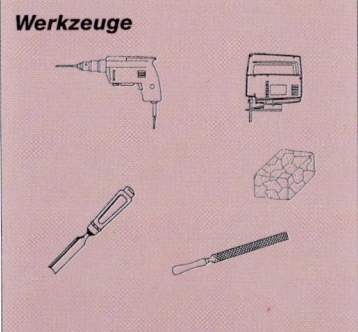

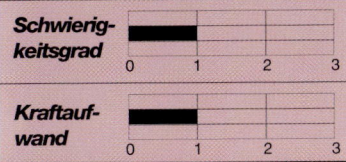

Schwierigkeitsgrad

0 1 2 3

Kraftaufwand

0 1 2 3

Arbeitszeit

Für das benötigen Sie etwa eine halbe Stunde.

Ersparnis

Sie sparen dabei je nach Holzart 30 bis 50 Mark.

Wenn Sie eine massive Vorhangstange für die Aufnahme von Vorhangringen an einer Fensterleibung anbringen wollen und Ihnen die passende Halterung fehlt, können Sie diese selbst anfertigen. Dafür benötigen Sie als Werkstück lediglich einen in Material und Farbe harmonierenden Holzrest.

1 Bohren Sie zuerst mit einem **Forstnerbohrer**, der dem Durchmesser der Vorhangstange entspricht, ein Loch – so tief wie der Bohrerkopf. Anschließend nehmen Sie einen Forstnerbohrer mit 10–15 mm Durchmesser und bohren 3–5 mm tief. Dieses Bohrloch ist für den Schraubenkopf gedacht.

2 Bei einem der beiden Teile setzen Sie in Faserrichtung neben diese Forstnerbohrung eine zweite, die sich nur wenig mit der ersten überschneidet und genauso tief ist. Das zwischen den Bohrungen stehende Holz entfernen Sie mit einem **Stemmeisen**, so daß ein sauberes **Langloch** entsteht.

3 Schließlich sägen Sie beide Teile mit der **Lochsäge** (Durchmesser ca. 6 cm) aus und runden die Kanten mit Feile, Oberfräse oder Schleifpapier ab.

1

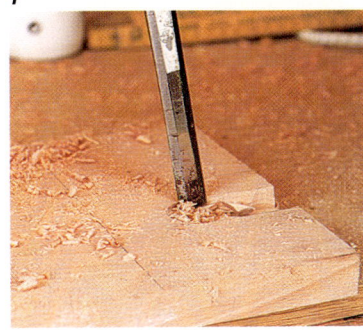

2

3

Waschbecken an der Wand befestigen

Material

Waschbecken, 2 Stockschrauben, Dübel, Muttern, Kunststoffmanschetten

Werkzeuge

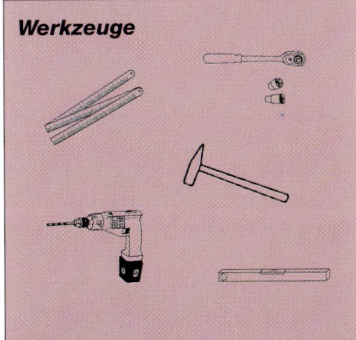

Schwierig-keitsgrad			
0	1	2	3

Kraftauf-wand			
0	1	2	3

Arbeitszeit

Für die Montage eines Waschbeckens benötigen Sie etwa eine dreiviertel Stunde.

Ersparnis

Sie sparen dabei etwa 100 Mark.

Wenn Sie ein Waschbecken befestigen wollen, sollten Sie zuerst analysieren aus welchem **Material** die Wand ist, an der es angebracht werden soll. Dies ist notwendig, um zu wissen, welche **Art von Befestigung** für Sie in Frage kommt. Wenn es sich um ein Beton, Voll- oder Hohlmauerwerk handelt, verfahren Sie wie folgt. Bei leichten Trennwänden und Trennwandsystemen brauchen Sie dagegen spezielle Befestigungssätze bzw. Schwerlastkippdübel oder Schwerlast-Federklappdübel.

1 Beim Anzeichnen der Befestigungspunkte sind zwei Maße ausschlaggebend: Der **Abstand der Löcher** auf der Rückseite des Waschbeckens und die gewünschte **Montagehöhe**. Während Sie den Abstand der Löcher von Mitte zu Mitte messen, können Sie die Höhe des Waschbeckens natürlich selbst festlegen. Es empfiehlt sich, die Oberkante etwa in **Arbeitstischhöhe** von 85 bis 90 cm anzubringen, wenn Sie nicht auf bestimmte Personen, wie z. B. Kinder, Rücksicht nehmen wollen. Beachten Sie bitte auch, daß die Höhe der Oberkante natürlich etwas höher ist als die Befestigungspunkte. Diese Differenz müssen Sie

1

ebenfalls am Waschbecken abmessen. Vorsicht auch mit den **Kacheln:** Nicht immer kann man sich darauf verlassen, daß die waagrechten Kachelfugen auch wirklich exakt waagrecht sind. Überprüfen Sie dies mit einer **Wasserwaage**.

Sicherheitstip

Vergewissern Sie sich vor dem Bohren über die Lage etwaiger Wasser-, Gas- oder Elektroleitungen, z. B. mit einem Metalldetektor.

2

4

3

5

2-3 Anschließend bohren Sie die Löcher mit dem Durchmesser 14 mm (anfangs ohne Schlagbohrwerk, damit die Kacheln nicht springen) und klopfen den Dübel mit dem **Hammer** vorsichtig ein.

4-5 Auf die **Stockschrauben** setzen Sie nun zwei **Muttern** und kontern diese, damit Sie sie mit dem Gabel- oder Ringschlüssel eindrehen können. Denken Sie daran, immer die hintere, Ihnen zugewandte Mutter mit dem Schlüssel zu fassen, da sich sonst – wenn die Schraube sehr streng gehen sollte – die **Konterung** wieder lösen kann. Die Stockschraube muß so tief im Mauerwerk verschwinden, daß nur noch das metrische Gewinde zu sehen ist.

Den letzten Arbeitsgang vollziehen Sie am besten zu zweit. Jetzt müssen Sie das Becken auf die aus der Wand stehenden **Gewinde** aufstecken und solange dort halten bis die Muttern einigermaßen fest angezogen sind.
Wenn das Becken nicht bündig an die Wand paßt, gleichen Sie die verbleibenden Zwischenräume mit Silikon oder Fugenmörtel aus, um Beschädigungen unter Spannung vorzubeugen.

Schaukelhaken anbringen

Material

div. Schaukelhaken, ggf. Muttern, Scheiben, Sicherungsmuttern

Werkzeuge

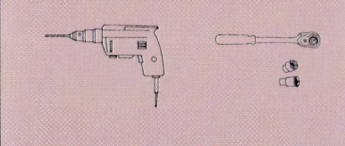

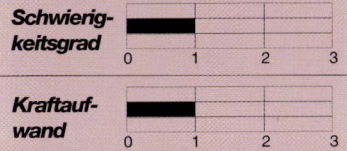

Schwierig-keitsgrad			
0	1	2	3

Kraftauf-wand			
0	1	2	3

Arbeitszeit

Für die Montage von 2 Schaukelhaken benötigen Sie ca. 40 Minuten.

Ersparnis

Sie sparen dabei ca. 150 Mark.

Wenn Sie eine Schaukel haben, sich eine bauen wollen oder nur eine Schaukelmöglichkeit an Balken oder Decke anbringen wollen, ist die richtige Wahl und Befestigung des **Schaukelhakens** Garant für einen sicheren Halt. Je nachdem, ob Sie die Haken in hartes oder weiches Holz, in Beton oder an einem Stahlrohr befestigen, wählen Sie eine andere Montage.

Durch ein **Rundholz** aus Fichte, Tanne oder einem anderen Nadelbaum bohren Sie am besten ganz durch und sichern die Konstruktion mit einer Mutter. Für das harte Holz

eines Eichenbalkens oder ähnlich feste Tragekonstruktionen wählen Sie einen Haken mit **Holzgewinde**.

An ausreichend dimensionierte Stahlstangen oder Rundhölzer gehören **Manschettenhaken** der entsprechenden Größe; hier muß häufig ein extra Schaukelhaken eingehängt werden

Für die Montage einer Schaukel an Betondecken verwenden Sie den entsprechenden **Schwerlastdübel** passend zu einem Schaukelhaken mit metrischem Gewinde.

Arbeitsanleitung: Schaukelhaken anbringen

1

2

lotrechte Bohrerhaltung bzw. verwenden Sie einen Bohrständer.

3-4 Nehmen Sie den Schaukelhaken, schrauben Sie eine Mutter bis zum Ende des Gewindes fest und legen Sie eine **Beilagscheibe** darauf. So vorbereitet, stecken Sie den Haken durch die Bohrung, bis er auf der anderen Seite so weit herausschaut, daß Sie eine weitere Beilagscheibe und die **Sicherungsmutter** anbringen können.

Profitip

Verschließen Sie das obenliegende Bohrloch, weil sich hier Wasser ansammeln und trotz Imprägnierung das Holz schädigen kann. Verwenden Sie zu diesem Zweck handelsübliche Plättchen oder befestigen Sie ein Stück Dachpappe mit verzinkten Dachpappstiften.

1 Weiches Holz: Je nach Querschnitt Ihres **Rundholzes** (unter 10 cm sollte es nicht sein) ist es u. U. notwendig, die Mutter auf der Gegenseite des Hakens (mit metrischem Gewinde) zu versenken, weil die Länge des Gewindes zum Durchstecken nicht ausreicht. Sinnvollerweise bohren Sie in diesem Fall zuerst die große Bohrung mit dem **Forstnerbohrer**. Wählen Sie die Größe des Forstnerbohrers so, daß später die Scheibe und der Steckschlüssel auch genug Platz haben, um den Haken festziehen zu können.

2 Die Mitte dieses Loches dient Ihnen als Markierung für die nächste Bohrung mit einem extra langen **Holzbohrer**. Legen Sie eine Zulage unter und achten Sie auf eine

5 Hartes Holz: Um den Schaukelhaken in hartes Holz ganz einschrauben zu können, müssen Sie vorbohren. Das **vorgebohrte Loch** sollte etwa folgende Ausmaße besitzen: ⅔ des angegebenen Schraubendurchmessers und ⅔ der Gewindelänge. Beim Eindrehen des Hakens nehmen Sie praktischerweise ein Rohr o. ä. als Hebel zu Hilfe und geben etwas Seife an das Gewinde, um sich die Arbeit zu vereinfachen. Der Schaukelhaken ist in der richtigen Position, wenn er quer zur Schaukelrichtung steht.

6 Stahlrohre oder **Rundhölzer: Manschettenhaken** haben den Vorteil, daß sie die tragenden Teile nicht schwächen, weil sie sie nur umfassen. Wenn die Manschette etwas zu weit sein sollte, legen Sie ein Material unter, das nicht bricht und auch nicht zu weich ist, z. B. einem alten Fahrradmantel oder ein Stück von einem Kunststoffrohr (mit Lücke!); denn die Manschette muß so fest sitzen, daß sie sich nicht lockern kann. Vergessen Sie nicht, geschlossene, verschweißte **Schaukelringe** einzuhängen. Diese verteilen die beim Schaukeln entstehende Reibung und beugen so der frühzeitigen Abnutzung vor.

7 Betondecken: Da Betondecken für Bohrer und Bohrmaschine (nicht jedoch für Bohrhammer) eine echte Belastungsprobe sind, ist es im Hinblick auf Material- und Kräfteschonung empfehlenswert, mit einem kleinen Durchmesser zu beginnen und in zwei Schritten das Bohrloch zu er-

3

4

weitern und zu vertiefen. Die Bohrerspitze muß dabei, aufgrund der Reibungshitze, öfter in Wasser eingetaucht und abgekühlt werden. Schlagen Sie nun den **Schwerlastdübel** mit dem leicht eingeschraubten Schaukelhaken ein. Bei diesem Dübel ist es wichtig, daß das Eindrehen am Ende mit großer Kraft ausgeführt wird, damit er sich gut verkeilt.

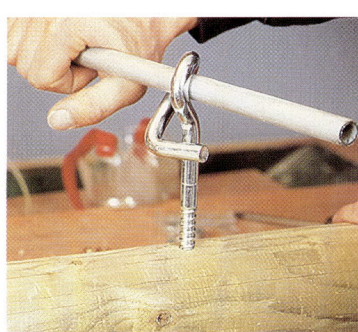

5

6

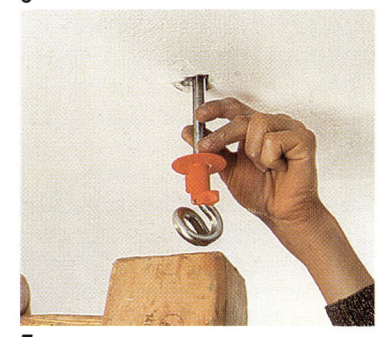

7

Rollwagen aus Massivholz verschrauben

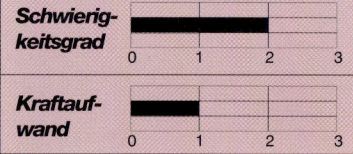
Sie wollen ein einfaches Möbel-stück aus Massivholz herstellen, ohne bei der Verbindungstechnik zuviel Aufwand zu betreiben – dann ist die Schraube genau das richtige Mittel.

In Baumärkten werden oftmals be-stimmte Größen von **Massivholz-brettern** zu sehr günstigen Preisen angeboten, so daß es sich lohnt, bei den Abmessungen Ihres Mö-belstückes auf solche Angebote zurückzugreifen. In diesem Fall soll ein **Rollwagen** entstehen, eine praktische, verschiebbare Abla-gemöglichkeit z. B. für Bücher oder für HiFi- und TV-Geräte.

1 Die zwei Bretter werden aufge-
teilt (50 cm zu 70 cm), die Markierung wird mit dem **Winkel** aufge-
tragen und ohne Pendelhub mit
der **Stichsäge** ausgesägt.

2 Leider ist Baumarktware nicht
immer sorgfältig verarbeitet, so daß
Bretter, die 30 cm breit sein sollten,
dieses Maß durchaus um 1–2 mm
verfehlen. Deshalb sorgen Sie,
z. B. mit dem Hobel, für eine
gleichmäßige Breite der Bretter.

3 Nun legen Sie fest, wie hoch die
beiden **Fächer** werden und wie
weit die Außenseiten oben und unten überstehen sollen und zeichnen die Brettmitten und -unterkan-
ten innen auf die Seiten auf.

4 Auf den **Mittellinien** zeichnen
Sie je drei Punkte in gleichem Abstand auf.

5-6 Diese Punkte werden dann
mit einem Bohrer von 2–3 mm vorgebohrt und auf der Außenseite mit
dem **Ausreiber** angesenkt, damit
die Schraubenköpfe später nicht
überstehen.

7-8 Auf der obersten Ablagefläche
soll nichts herunterrollen, deshalb
werden hier zwei **Rundstangen**

1

2

3

4

5

6

7

10

8

11

9

je 1 cm tief werden; die Stangen werden später dort nur hineingesteckt.

9 Die **Rundstangen** sägen Sie einen Millimeter kürzer, also in diesem Fall 51,9 cm, damit sie etwas Luft haben und sich nicht unter Spannung biegen.

10 Falls Sie keinen **Möbelhund** zur Hand haben, bringen Sie selbst Rollen an. Dazu benötigen Sie **Rollen** zum Anschrauben, passende Schrauben mit Sicherungsscheiben und Einschlagmuttern. Um letztere zu verstecken, bohren Sie zuerst mit dem **Kranzdurchmesser** der Muffe eine Vertiefung und anschließend ein kleineres Loch. Schlagen Sie die Muttern ein und schrauben Sie die Rollen fest. Wenn Sie wollen, können Sie die Mutter sogar noch mit einen Astlochstöpsel kaschieren.

(glatte Dübelstangen aus Fichte oder Kiefer) direkt oberhalb des obersten Bretts in die Seiten eingebohrt. Auf der Abbildung ist ein variabler **Topfbohrer** mit verstellbarer Klinge gezeigt, der aber nur mit **Bohrständer** oder **Ständerbohrmaschine** verwendet werden darf, weil er unsymmetrisch ist und mit der Hand nicht sicher geführt werden kann. Diese Bohrungen sollen

11 Zum Schluß verschrauben Sie Ihr Möbelstück.

Ökotip
Verzichten Sie als Beitrag zum Umweltschutz auf die Verwendung von Tropenhölzern wie Mahagoni oder Teak.

Darauf können Sie bauen!

COMPACT-PRAXIS »do it yourself«

- Jeder Band mit über 200 Abbildungen und instruktiven Bildfolgen – alles in Farbe.

- Übersichtliche Symbole für Schwierigkeitsgrad, Kraftbedarf, Zeitaufwand u.v.m. – alles auf einen Blick.

- Anwenderfreundliche Komplettanleitungen für alle wichtigen Heimwerker-Arbeiten – keine schmalen Einzelthemen.

- Mit besonders hervorgehobenen Sicherheits-, Profi- und Ökotips.

Selbst Wohnräume unterm Dach ausbauen

Selbst Gartenteiche anlegen und pflegen

Selbst Elektroinstallationen ausführen

Selbst Fliesen und Platten verlegen

Selbst energiesparende Heizungen einbauen

Selbst Höfe und Wege pflastern

Über 50 Titel lieferbar. Bitte fordern Sie unseren Prospekt an!

Selbst Treppen planen und einbauen

Selbst Dachgeschoß und Keller ausbauen

Selbst mauern, betonieren und verputzen

Selbst Wintergärten und Glashäuser bauen

Selbst Wände und Decken mit Holz verschalen

Selbst Regenwasser-Nutzsysteme anlegen

DM **19,⁸⁰**

Compact Verlag GmbH
Züricher Straße 29
81476 München
Telefon: 0 89 / 74 51 61-0
Telefax: 0 89 / 75 60 95

Küchenunterschrank dübeln und verleimen

Material

Spanplatte 19 mm:
weiß 2 à 30 x 50 cm, 30 x 80 cm;
blau 30 x 90 cm; 4 Rollen; Leim;
Griff; Bügelkanten; Riffeldübel

Werkzeuge

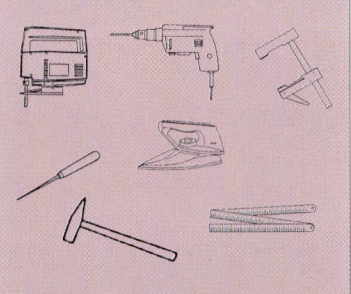

Schwierig-keitsgrad

| | 0 | 1 | 2 | 3 |

Kraftauf-wand

| | 0 | 1 | 2 | 3 |

Arbeitszeit

Für den Zusammenbau des Küchenunterschranks benötigen Sie etwa eineinhalb Stunden.

Ersparnis

Sie sparen dabei etwa 150 Mark.

Wie Sie Möbel mit Holzdübeln verleimen, soll am Beispiel eines rollenden **Küchenunterschranks** mit dekorativer Front veranschaulicht werden.

1 Sie zeichnen zuerst an, welche Kanten auf welche Flächen treffen sollen und markieren dabei eindeutig, wo vorne, hinten, rechts, links, oben und unten ist.

2-3 Entweder markieren Sie dann alle **Dübelpositionen** einzeln oder Sie fertigen eine **Dübelschablone** an. Dies lohnt sich v. a. dann, wenn viele oder alle zu verbindenden Flächen gleich sind. Für eine solche Schablone nehmen Sie ein Stück **Sperrholz** und bohren dort eine **Lochreihe** der erforderlichen Länge und Breite. Dieses Sperrholz legen Sie dann mit der richtigen Kante und dem richtigen Ende (nach Ihrer Anzeichnung) an die jeweiligen zu verbindenden Kanten und Flächen an und fixieren es ausreichend gegen Verrutschen.

4 Bohren Sie nun an den durch die Schablone vorgegebenen Stellen ins Material. Achten Sie darauf, die **Bohrtiefe** so zu begrenzen, daß zwar der Dübel vollständig Platz findet, aber der Bohrer an

1

2

keiner Stelle auf der Gegenseite des Brettes wieder austritt. Verwenden Sie dazu die abgebildeten, auf den Bohreinsatz aufzuschraubenden **Ringe**.

5 Bevor Sie die Bretter verleimen, bügeln Sie auf evtl. noch offene Schnittflächen **Bügelkanten** auf. Diese werden in unterschiedlichen Farbtönen angeboten.

3

4

5

6

Legen Sie dabei um die Kante ein gefaltetes, weißes Blatt Papier, damit die Bügelkante nicht angeschmolzen wird.

6-7 Schneiden Sie Überstände mit einem **Spezialmesser**, einem Stechbeitel oder einem ähnlich scharfen Werkzeug vorsichtig weg.

8 Mit einem Tropfen **Leim** können Sie nun bereits die Dübel einseitig einstreichen. Achten Sie aber darauf, daß die Dübel ganz mit dem **Hammer** eingeschlagen werden, damit sie nachher auch in die Löcher auf der Gegenseite passen.

7

9-11 Nun geht es ans **Verleimen.** Legen Sie sich vorher alles zurecht, was Sie dazu benötigen: Zulagen, Zwingen, Leim, Dübel und evtl. einen feuchten Lappen, damit Sie übertretenden Leim sofort entfernen können. Tragen Sie den Leim auf, stecken Sie die Teile ineinander und pressen Sie sie, mit Hilfe der **Schraubzwingen** und der **Zulagen,** so fest zusammen, daß keine, auch noch so kleine Fuge mehr offenbleibt.

Das Werkstück sollte mindestens 30 Minuten gepreßt werden. Darüber hinaus gilt: Je höher der Anpreßdruck, um so tiefer dringt der Leim in die Holzporen ein und desto fester wird die Verleimung.

12 Verschrauben Sie nun die **Rollen** an der Unterseite des Möbelstückes. Mit einem **Spitzbohrer** bereiten Sie die Löcher vor und führen anschließend die Verschraubungen aus.

13 Abschließend montieren Sie einen **Griff** Ihrer Wahl. Bohren Sie dafür durch die Türe und verschrauben Sie den Griff von innen. Achten Sie darauf, daß der Bohrdurchmesser nicht zu groß ist, damit der Griff fest sitzt.

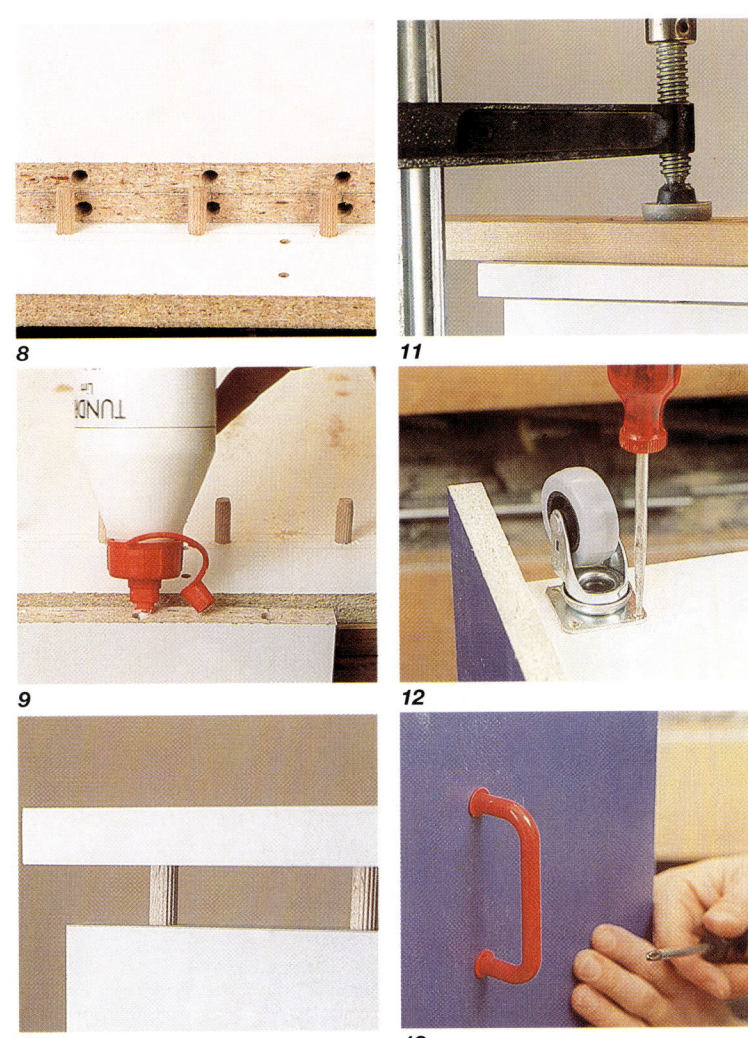

8

11

9

12

10

13

Bilderleiste herstellen und montieren

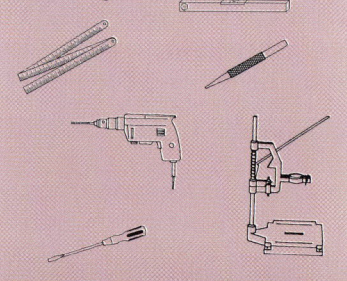
Einfach und raffiniert können Sie Ihre Wände mit Hilfe einer **Bilderleiste** aus einem Aluminium-Profil dekorativ gestalten. Der Vorteil dieser Methode Bilder aufzuhängen ist, daß Sie, ohne neue Löcher bohren zu müssen und ohne alte Löcher zuzuspachteln, Bilder auf- und abhängen können, wie Sie Lust und Laune haben.

Das Prinzip der hier vorgestellten Bilderleiste ist dem von Museen ähnlich. Die Bilder werden an unsichtbaren, aber enorm zugkräftigen **Perlonfäden** befestigt. So können Sie Ihre »Galerie« jederzeit verändern, ohne Ihre Wände oder Tapeten zu beschädigen – einer individuellen Raumdekoration sind auf diese Weise keine Grenzen gesetzt.

1 Je nach Gewicht der Bilder planen Sie ein bis zwei **Befestigungspunkte** pro Meter. An diesen Punkten können Sie die Leiste an. Zwei der markierten Stellen bohren sie mit dem **8-mm-Metallbohrer** seitlich in der Kante auf. Da der Bohrer geneigt ist auszuweichen, sollten Sie diese Bohrung mit dem **Bohrständer** durchführen.

2-3 Ist der Bohrer doch zu stark abgewichen, spannen Sie einen kleinen **3-mm-Bohrer** ein und verbreitern Sie die bereits vorhandene Öffnung in der Leiste, indem Sie den Bohrer leicht auf und ab führen und sanften seitlichen Druck ausüben.

4 Die Bohrung sollte letztendlich so beschaffen sein, daß sich der Schraubenkopf und -hals einer 3,5 mm starken Spanplattenschraube zwar von unten hineinschieben läßt, aber nicht zur Seite wieder heraus. Schließlich wird die Leiste montiert, indem sie von oben auf die Schrauben aufgeschoben wird. Wichtig dabei ist, die exakt in die Wand gedübelten Schrauben genau so weit einzudrehen, daß die Leiste eingehängt werden kann und trotzdem nicht wackelt.

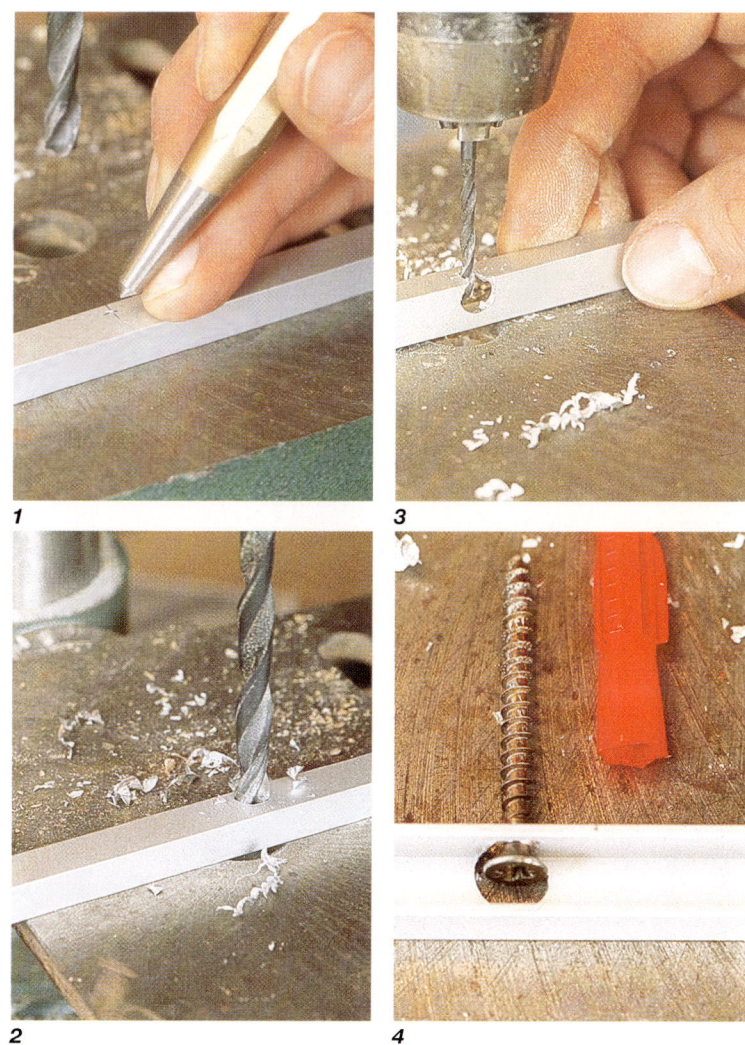

1

2

3

4

Fensterrahmen montieren

Material

Fenster kompl. mit Stock, Leisten, Nägel, Dübel, Schrauben, Keile, Holzklötzchen, Montageschaum

Werkzeuge

Schwierigkeitsgrad

| 0 | 1 | 2 | 3 |

Kraftaufwand

| 0 | 1 | 2 | 3 |

Arbeitszeit

Für die Montage eines Fensterstocks benötigen Sie etwa eineinhalb Stunden.

Ersparnis

Sie sparen dabei etwa 200 Mark.

Um einen Fensterrahmen zu verankern, schneiden Sie eine ausreichende Menge spitzwinkliger **Holzkeile** und ein paar **Hölzer zum Unterlegen** zu. Stellen Sie den Rahmen auf die Hölzer und verkeilen Sie ihn besonders in den Bereichen, in denen er später angedübelt werden soll, indem Sie je zwei Keile gegeneinander verschieben bis die erwünschte Haltekraft erreicht ist. Wenn Sie bei größeren Fenstern einmal inmitten des Profils unterkeilen müssen, tun Sie dies nicht öfter als unbedingt nötig; denn ein zu starkes Unterkeilen kann – ebenso wie **Montageschaum** – das Rahmenholz so nach innen verziehen, daß sich das Fenster später nicht mehr schließen läßt.

1 **Bohren** Sie nun mit einem Bohrer, der dem Durchmesser des Dübels entspricht, durch das Holz ins Mauerwerk. Sie können dazu entweder einen Viel- bzw. Allzweckbohrer verwenden oder mit zwei verschiedenen Bohrern für Holz und Mauerwerk bzw. Beton arbeiten.

2 Für eine **Rahmenmontage** sind diverse spezielle Schrauben- bzw. Schrauben-Dübelverbindungen möglich – je nach Hersteller. Erfra-

1

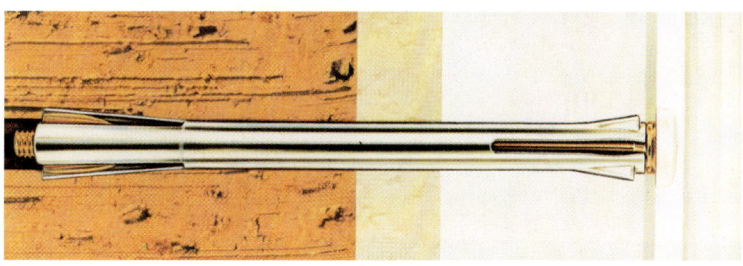

2

gen Sie die für Sie beste Lösung beim Händler.

3 In diesem Beispiel ist ein **Rahmendübel** zum Durchstecken gewählt worden, der mit dem Hammer in das Bohrloch eingeschlagen wird. Um ein Überstehen des Schraubenkopfes zu verhindern und um die Dübelmanschette zu versenken, empfiehlt es sich, das Loch anzusenken oder mit einem Metallbohrer etwas auszubohren.

4 Schließlich werden die Schrauben eingeschraubt, außen **Abdeckleisten** angenagelt, und die Hohlräume mit **Montageschaum** abgedichtet. Bei größeren Fenstern spreizen Sie bitte ein **Kantholz** o. ä. in den Rahmen, um der großen Ausdehnungskraft des Schaumes entgegenzuwirken. Später werden die Schaumüberstände mit einem Messer entfernt, und die Leisten von innen angenagelt.

3

Sicherheitstip
Tragen Sie beim Umgang mit PU-Schaum immer Handschuhe und halten Sie ein entsprechendes Lösungsmittel bzw. Aceton bereit, um den Schaum schnell entfernen zu können.

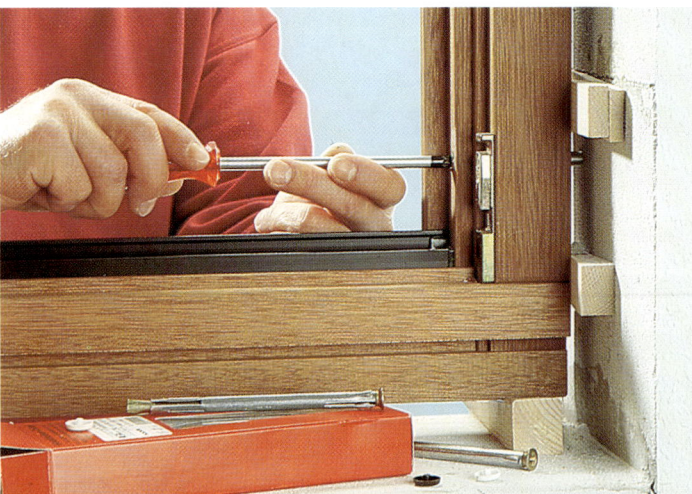

4

Problemschrauben lösen Schritt für Schritt

Material

Schrauben, Muttern, Schrauberbits

Werkzeuge

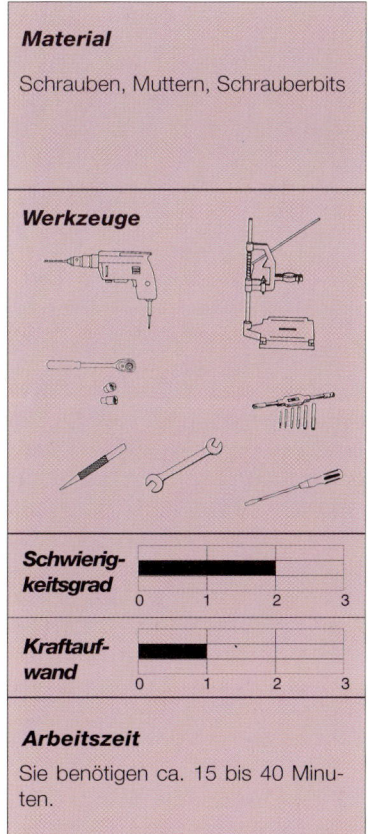

Schwierig-keitsgrad			
0	1	2	3

Kraftauf-wand			
0	1	2	3

Arbeitszeit

Sie benötigen ca. 15 bis 40 Minuten.

Ersparnis

Sie sparen dabei je nach Situation bis zu 100 Mark.

1

1 Schrauben von alten Schlössern, die festgerostet sind oder deren Antrieb beschädigt ist, brauchen eine Spezialbehandlung – z. B. mit einem **Schlagschrauber**, der mit dem Hammer gegen den Knauf geschlagen wird. Gerade bei Kreuzschlitzschrauben stehen damit die Erfolgsaussichten gut.

2-4 Wenn das nicht hilft, greifen Sie zum **Schraubenausdreher**. Bohren Sie die Schraube in der Mitte, nicht zu tief und nicht mit zu großem Durchmesser, an (Ankörnen nicht vergessen). Dann wird der Ausdreher mit dem Windeisen linksherum eingedreht. So nimmt er die ganze Schraube mit.

5 Erst wenn auch das nicht zum Erfolg führt, bohren Sie die verro-

2

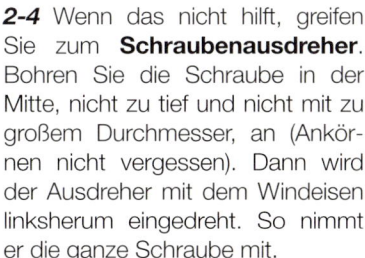

3

4

7

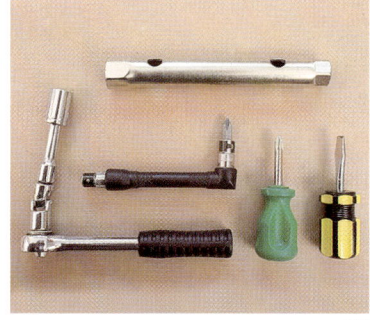

10

5

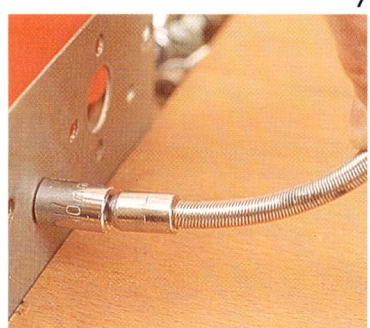

8

stete Schraube mit einem **Kerndurchmesser** aus.

6 Wenn eine Mutter völlig verrostet oder abgerundet ist und sich nicht mehr bewegen läßt, benutzen Sie einen **Mutternsprenger**.

7-10 Schrauben, die sich an schwer zugänglichen Orten verstecken, wie dies bei eingebauten Schlössern oft der Fall ist, können Sie meistens mit Zubehör aus dem Ratschenkasten erreichen, z. B. mit einer kleinen **Ratsche** oder mit einer biegsamen **Welle**. Auch mit einem speziellen Steckschlüssel, dem selbst lange Schrauben den Zugriff nicht versperren, oder diversen anderen speziell geformten Schraubhilfen erreichen Sie in vielen Fällen Ihr Ziel.

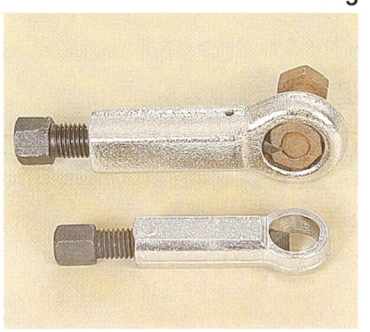

6

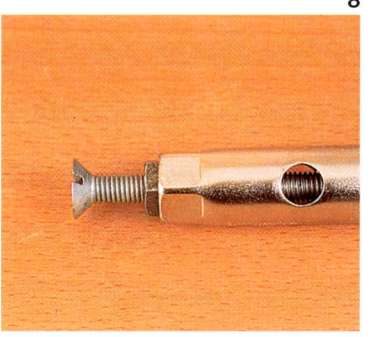

9

Wo finde ich was?

Bildquellen-Nachweis

Die folgenden Firmen und Personen haben Bildmaterial für dieses Buch zur Verfügung gestellt. Da sie damit zur Gestaltung dieses Buches beigetragen haben, möchte ihnen der Verlag an dieser Stelle herzlich für die freundliche Unterstützung danken.

Tox-Dübel-Werk
Überlinger Str. 11
78351 Bodman-Ludwigshafen
S. 19 (alle), 48, 51-53 (8, 10-16), 56 (2), 58, 59-60 (3-6, 8), 61, 62-63 (1-4, 6-8), 65 (1, 4), 66, 67 (4-5), 74, 75-76 (1-5), 90, 91-92 (1-4)

Leicht Küchen AG
Postfach 60
73548 Waldstetten
S. 69

Max Direktor
S. 6, 7 (1), 10 (1), 12-13 (1-4), 14-15 (1-4), 16 (1-3), 17 (1), 18, 20 (1-2), 21 (1-3), 22-23 (1-8), 24 (1-4), 25-26 (1-4), 27-29 (1-6), 32-33 (1-6), 34-36 (1-5), 37 (1-3), 38 (1-3), 39 (1-4), 40 (1-3), 41 (1-3), 42 (1), 43 (1-5), 44 (1-3), 45 (1-4), 46 (1-3), 47 (2), 49-51 (2-7, 9), 54, 56 (3-4), 59 (1-2), 60 (7), 63 (5), 64, 65 (3), 67-68 (1-2, 6-11), 70 (1-2), 71 (4-6), 72, 73 (1-3), 77, 78-79 (1-7), 80, 81-82 (1-11), 84-87 (1-13), 88, 89 (1-4), 93-94 (1-10)

Ulla Häusler
S. 7 (2), 8-9 (1-3), 47 (1), 49 (1), 55 (1), 57 (5), 65 (2)

Niels Clausen
S. 67 (3), 70 (2), 71 (1)